基礎と応用
微分方程式入門

熊本大学工学部機械数理工学科 編

北 直泰 著

学術図書出版社

序文 (PREFACE)

　本書は，筆者がいろいろな大学の理学部や教育学部，工学部を渡り歩いた経験の中で，それぞれの学生の勉強風景を思い出しながら，そして理学部に所属していない教員の要望を積極的に反映させるつもりで執筆したものです．更に，昨今の大学教育改革 (グローバル化やクォーター制の導入，アクティブラーニング) のことも意識して執筆しました．

　特に，私が教育学部の学生を指導して強烈に印象に残ったことは「大学教員が研究者を育てるつもりで躍起になると，多くの学生が遠ざかってしまう」という現実でした．若かりし頃の私は，数学の厳密な論理展開こそが面白いのだと言わんばかりに学部 1, 2 年生を相手に黒板を ε-δ 論法で埋め尽くしてしまいました．その結果どうなったのか．見切りの早い学生は講義の序盤で教室から姿を消し，講義に出席している学生であっても机に突っ伏して眠るか，下に俯いて携帯メールのやり取りを始めるかのいずれかになってしまったのです．私の講義が教育学部の学生にとって「単位をもらうためにしかたなく座っている時間」になってしまったのです．私が面白く感じたことや学生のために良かれと考えたことが，学生には全く受け入れられず，挙句の果てに学生に見捨てられたことで，私の表情は青ざめました．ここで勉強意欲が乏しい学生を叱咤することはたやすいですが，それでは単に教員のストレス発散になるだけで，学業に対する学生の姿勢は好転しません．その後，学生の満足度を高めるために試行錯誤を繰り返して，私が気付いた教訓は「教員が学生の歯車に合わせる」という言葉です．

　「教員が学生の歯車に合わせる」…この言葉を念頭に置いて，私は板書一辺倒・説明一辺倒の講義をやめました．そして，演習形式の授業に切り替えて，学

生から質問があれば説明するようにしたのです。これがいま、文部科学省が推奨しているアクティブラーニングと呼ばれるものなのでしょう。成果として、眠る学生が減ったこと、意外に粘り強く考える学生の存在に気付けたことが挙げられます。多くの学生はやはり知識を吸収したいと望んでいるのです。もちろん、アクティブラーニングには欠点もあります。それは、毎回の授業で少ししか進めないこと、そのために授業の中で提供できる知識を大幅に削減する必要が生じたことです。

　本書は、上述のアクティブラーニングの実践経験を踏まえて構成されています。学生の意欲を失わせないように特に配慮したことは、

- 基本事項をしっかりと押さえておくこと。
- 言葉による説明を端的にすること。証明はできるだけ簡潔にすること。
- 解説を少し施してから、例題や練習問題を紹介すること。
- 例題の計算を丁寧に説明すること。
- 多くの知識を投入しないこと。
- 学生が自力で解く演習問題には必ず略解をつけること。

です。心理学者エビングハウスの実験によると、学習者の多くが 20 分後には記憶したことの半分を忘れているという結果が得られています。本書では、人間のこの摂理を強く意識して、説明や解説が冗長になることを避けて、新しい事柄を少しだけ説明した直後に、例題を通して学生が読み取った知識を確認できるようにしてあります。これはまさに学生が小中高校で使用していた教科書の作りに似ています。

　また、クォーター制を導入したばかりの大学では時間割の不具合によって、講義間の連携が崩れていることが予想されます。そこで、

- 線形代数の知識を必要とする解法は前面に出さずに、高校数学レベルの微分積分の知識だけで微分方程式を解くようにすること。そのために、2階の線形微分方程式の章では、基本解の 1 次独立性やロンスキアンを用いた解法を前面に出さずに、演算子法もどきの解法を採用しました。この解法には、特性方程式が重解をもつときに基本解 $xe^{\lambda x}$ が自然に現れ

るという利点があります.

- 多変数関数の知識が必要な完全微分方程式の話題は後の方にまわして, 授業担当者の裁量で取り扱うか否かを決められるようにすること.

という工夫も凝らしました. 加えて, 昨今では多くの大学がグローバル化の波に晒されています. さらに, 工学部の教員からの要望も反映して,

- 数学用語に英語訳をつけ, 図を豊富に掲載すること.
- 微分方程式が我々の社会生活や自然現象の解明で役立っている場面を盛り込むこと.

にも配慮しました. 大学がグローバル化を目指して留学生を迎え入れるためには, 留学生が日本の授業に馴染めるように配慮する必要があります. また, 工学部の教員から「自然現象を数式で表現する機会を数学の授業に取り入れてほしい」という要望を耳にすることが多いです. 本書はこれらの事柄も意識して執筆されています.

本書は, 全体的に教育学部と工学部の学生の素朴な需要に応える内容になっていますから, 数学者を目指す気持ちで数学を極めたいと考える学生には物足りないかもしれません. しかし, 講師が一方的に話す授業形態に苦痛を覚える大多数の学生が本書を手にとることで, 微分方程式の解き方には数少ないパターンがあることに気付いて, 自信を持ってもらえるのなら, 著者としては無上の喜びです.

末尾となりましたが, 本書の原稿を執筆しているときに数々の仕事や出張を手掛けることとなり, 当初予定されていた原稿の提出〆切日を大幅に超えてしまいました. その結果, 学術図書出版社の貝沼稔夫さんには辛抱強く原稿の完成をお待ちいただくこととなりました. その節は大変ご迷惑をお掛け致しました. この場をお借りして, お詫びと感謝を申し上げます. 加えて, 練習問題の解答を細やかに確認して下さった学生の皆さんにもお礼申し上げます.

2018 年 11 月

北　直泰

本書の使用方法について

● **教員の皆様へ** 本書の内容を分類すると, 次の 3 つの部分に分かれています.

第 1 部 第 1 章で高校数学の微分積分を復習します. 第 2 章で微分方程式の基本である変数分離型微分方程式を取り扱い, ここで習得した計算技法を拠り所にして, 第 3 章 (同次形微分方程式) と第 4 章 (ベルヌーイ型微分方程式) へと進みます.

第 2 部 第 4 章の準備 4.2.1 の式変形 $\dfrac{dy}{dx} + f(x)y = e^{-F(x)}\dfrac{d}{dx}\left(e^{F(x)}y\right)$ を鍵にして, 線形微分方程式を解いていきます (第 5 章〜第 11 章). そのため, 準備 4.2.1 の式変形を受講学生に何度も何度も書かせるなどして習熟させて下さい.

第 3 部 第 12 章〜第 14 章では, 多変数関数の偏微分について学生が理解していることを前提にしてあります. 学生の理解に応じて第 12 章〜第 14 章を講義の中で取り扱うか否かご判断下さい.

　1 つの章を講義 1 回分に充てられるように構成したつもりですが, 限られた時間の中で 1 つの章を隅から隅まで学生に説明することは難しいと思います. かいつまんで知識を学生に提供していただいて構いません. また, ほとんどの章に記載されている「応用」の節については, 学生の自己学習やレポート課題にするなどしていただいて結構です.

● **学生の皆様へ** 本書を要領よく読みこなしていくためのアドバイスをします.

- 高校数学の公式を忘れたときには, 第 1 章の前にある「知っておきたい知識一覧」を参照して下さい.

- 少しばかり丁寧な高校数学の復習は第 1 章に記載してあります.

- 第 4 章〜第 11 章を読みこなすときに, 準備 4.2.1 の式変形 $\dfrac{dy}{dx} + f(x)y = e^{-F(x)}\dfrac{d}{dx}\left(e^{F(x)}y\right)$ が鍵になります. 準備 4.2.1 の式変形をしっかり理解するようにして下さい.

- 各節の終わりにある練習問題でつまずいたときには, 例題の解法を真似て解いて下さい. 練習問題の略解は巻末に記載してあります.

目次 (Contents)

知っておきたい知識一覧 (Requisite Knowledge)   **1**

第1章　微分積分の復習 (Review of Differentiation and Integration)   **3**

    1.1　微分の意味 (What Does a Derivative Mean?)   3

    1.2　微分方程式とは？ (What is a Differential Equation?)   11

    1.3　必要な知識 (Requisite Knowledge)   13

第2章　変数分離型微分方程式 (Separable Differential Equations)   **20**

    2.1　変数分離型微分方程式とは？ (What is a Separable Differential Equation?)   20

    2.2　変数分離型微分方程式の解法 (Method of the Solution)   21

    2.3　微分方程式の初期値問題 (Initial Value Problem)   23

    2.4　変数分離型微分方程式の応用 (Application)   25

第3章　同次形微分方程式 (Homogeneous Differential Equations)   **27**

    3.1　同次形微分方程式とは？ (What is a Homogeneous Differential Equation?)   27

    3.2　同次形微分方程式の解法 (Method of the Solution)   28

    3.3　同次形微分方程式の応用 (Application)   30

第 4 章 ベルヌーイ型微分方程式 (THE BERNOULLI DIFFERENTIAL EQUATIONS) 33

4.1	ベルヌーイ型微分方程式とは？ (What is the Bernoulli Differential Equation?)	33
4.2	解法のための準備 (Preliminary)	34
4.3	ベルヌーイ型微分方程式の解法 (Method of the Solution)	35
4.4	ベルヌーイ型微分方程式の応用 (Application)	37

第 5 章 1 階線形微分方程式 (LINEAR DIFFERENTIAL EQUATIONS OF 1ST ORDER) 40

5.1	1 階線形微分方程式とは？ (What is a Linear Diff. Eq. of 1st Order?)	40
5.2	1 階線形微分方程式の解法 (Method of the Solution)	41
5.3	1 階線形微分方程式の応用 (Application)	43

第 6 章 定数係数 2 階線形微分方程式・準備 (PRELIMINARIES) 45

6.1	2 階線形微分方程式 (Linear Diff. Eq. of 2nd Order)	45
6.2	準備その 1・オイラーの公式 (Preliminary 1・Euler's Formula)	46
6.3	準備その 2・微分作用素の因数分解 (Preliminary 2・Factorization of Differential Operators)	50

第 7 章 定数係数 2 階線形微分方程式 (斉次形)(HOMOGENEOUS LINEAR DIFF. EQ. OF 2ND ORDER) 54

7.1	解法 (Method of the Solution)	54
7.2	力学への応用 (Application to Physics)	58

第 8 章 定数係数 2 階線形微分方程式 (非斉次形)(INHOMOGENEOUS LINEAR DIFF. EQ. OF 2ND ORDER) 63

8.1	定数係数 2 階線形微分方程式 (非斉次形) の解法 (Method of the Solution)	63

8.2 未定係数法による解法 (Method of Undetermined Coefficients) 67

第 9 章 微分方程式と力学 (Differential Equations and Dynamics) **73**

9.1 バネの力による物体の運動 (The Motion Caused by a Spring) 73

第 10 章 定数係数連立線形微分方程式 (斉次形)(Simultaneous Linear Diff. Eq. of Homogeneous Type) **78**

10.1 解法 (Method of the Solution) 78

10.2 連立微分方程式の応用 (Application) 80

第 11 章 定数係数連立線形微分方程式 (非斉次形)(Simultaneous Linear Diff. Eq. of Inhomogeneous Type) **85**

11.1 解法 (Method of the Solution) 85

11.2 連立微分方程式の応用 (Application) 88

第 12 章 陰関数表現 (Implicit Representation of Functions) **91**

12.1 陰関数表現 (Implicit Representation of Functions) 91

12.2 陰関数表現から導関数を求める方法 (How to Compute Derivatives) 93

12.3 陰関数表現からグラフを描く方法 (How to Sketch a Graph) . 96

第 13 章 完全微分方程式 (Exact Differential Equations) **100**

13.1 完全微分方程式とは？ (What is an Exact Diff. Eq.?) 100

13.2 完全微分方程式かどうかを判定する方法 (How to Decide it's an Exact Diff. Eq.) 103

13.3 完全微分方程式の解法 (Method of the Solution) 106

13.4 完全微分方程式の応用 (Application) 108

第 14 章 不完全微分方程式 (Inexact Differential Equations) **112**

14.1 不完全微分方程式の解法 (Method of the Solution) 113

viii

14.2 不完全微分方程式の応用 (Application) 116

練習問題の解答 (SOLUTIONS TO EXERCISES) **122**

索引 (INDEX) **147**

知っておきたい知識一覧 (Requisite Knowledge)

■ 指数法則 (law of exponent)

正の数 a と実数 p, q に対して,

(1) $a^p a^q = a^{p+q}$

(2) $(a^p)^q = a^{pq}$

特に, $a^0 = 1$, $a^{-p} = \dfrac{1}{a^p}$, $a^{1/p} = \sqrt[p]{a}$.

■ 対数関数の性質 (properties of logarithmic function)

正の数 $a \neq 1$ と正の数 b, c および実数 p に対して,

(1) $\log_a (bc) = \log_a b + \log_a c$

(2) $\log_a \dfrac{b}{c} = \log_a b - \log_a c$

(3) $\log_a b^p = p \log_a b$

特に, $\log_a 1 = 0$.

■ 三角関数の加法定理 (addition theorem of trigonometric functions)

(1) $\cos(\alpha + \beta) = \cos \alpha \cos \beta - \sin \alpha \sin \beta$

(2) $\sin(\alpha + \beta) = \sin \alpha \cos \beta + \cos \alpha \sin \beta$

■ 有名な極限 (famous limits)

(1) $\displaystyle \lim_{\theta \to 0} \frac{\sin \theta}{\theta} = 1$

　　　 (ただし, 角度の単位は rad.)

(2) $\displaystyle \lim_{n \to \infty} \left(1 + \frac{1}{n}\right)^n = e$

(3) $\displaystyle \lim_{h \to 0} (1 + h)^{1/h} = e$

■ 微分係数の定義 (definition of differential coefficient)

$$f'(a) = \lim_{h \to 0} \frac{f(a+h) - f(a)}{h}$$

■ 微分の計算公式 (formulas for differentiation)

関数 $f = f(x)$, $g = g(x)$ に対して,

(1) (積の微分公式 product rule)
$$(f \times g)' = f' \times g + f \times g'$$

(2) (商の微分公式 quotient rule)
$$\left(\frac{f}{g}\right)' = \frac{f' \times g - f \times g'}{g^2}$$

(3) (合成関数の微分公式 chain rule)
$$\frac{df(g(x))}{dx} = \frac{df(g)}{dg} \times \frac{dg(x)}{dx}$$

■ 初等関数の微分 (differentiation of elementary functions)

以下で (1) の α は定数とする.

(1) $\dfrac{dg^\alpha}{dg} = \alpha g^{\alpha - 1}$

(2) $\dfrac{d \sin g}{dg} = \cos g$

(3) $\dfrac{d \cos g}{dg} = -\sin g$

(4) $\dfrac{d \tan g}{dg} = \dfrac{1}{\cos^2 g}$

(5) $\dfrac{d}{dg}\left(\dfrac{1}{\tan g}\right) = -\dfrac{1}{\sin^2 g}$

(6) $\dfrac{de^g}{dg} = e^g$

(7) $\dfrac{d \log |g|}{dg} = \dfrac{1}{g}$

■ 原始関数の定義 (definition of primitive function)

$\dfrac{dF(x)}{dx} = f(x)$ が成り立つとき, $F(x)$

を $f(x)$ の「原始関数 (primitive function)」または「不定積分 (indefinite integral)」といい,「$\int f(x)\,dx$」と書く.

■ 初等関数の不定積分 (elementary indefinite integrals)

(1) では $\alpha \neq -1$ とする.C は積分定数とする.

(1) $\displaystyle\int x^\alpha\,dx = \frac{x^{\alpha+1}}{\alpha+1} + C$

(2) $\displaystyle\int x^{-1}\,dx = \log|x| + C$

(3) $\displaystyle\int \sin x\,dx = -\cos x + C$

(4) $\displaystyle\int \cos x\,dx = \sin x + C$

(5) $\displaystyle\int \frac{dx}{\cos^2 x} = \tan x + C$

(6) $\displaystyle\int \frac{dx}{\sin^2 x} = -\frac{1}{\tan x} + C$

(7) $\displaystyle\int e^x\,dx = e^x + C$

■ 不定積分の計算公式 (formulas for integration)

(1) (部分積分 integration by parts)

$$\int f(x)g'(x)\,dx = f(x)g(x) - \int f'(x)g(x)\,dx$$

(2) (置換積分 integration by substitution)

$x = g(t)$ とおくと,

$$\int f(x)\,dx = \int f(g(t))\,\frac{dg(t)}{dt}\,dt$$

■ 2 変数関数の偏微分係数の定義 (partial differential coefficients)

$$f_x(a,b) = \lim_{h\to 0} \frac{f(a+h,b) - f(a,b)}{h}$$

$$f_y(a,b) = \lim_{k\to 0} \frac{f(a,b+k) - f(a,b)}{k}$$

■ 2 変数関数に対する合成関数の微分 (chain rule for 2-variable functions)

$x = x(t),\ y = y(t)$ に対して,

$$\frac{df(x(t),y(t))}{dt} = f_x(x,y)\frac{dx}{dt} + f_y(x,y)\frac{dy}{dt}$$

第 1 章

微分積分の復習

REVIEW OF DIFFERENTIATION AND INTEGRATION

　これから学ぶ微分方程式が何を表すのか把握するために，まず微分の意味を復習する．さらに，微分方程式を解くために必要な不定積分の復習もする．

1.1 　微分の意味 (What Does a Derivative Mean?)

　関数 $f(x)$ の微分係数とは次のような極限値のことであった．

> **定義 1.1.1** (微分係数の定義 Definition of Differential Coefficient)
>
> 　関数 $f(x)$ に対して，極限
> $$\lim_{h \to 0} \frac{f(a+h) - f(a)}{h}$$
> を関数 $f(x)$ の $x = a$ における**微分係数** (*differential coefficient*) といい，この極限を $f'(a)$ または $\dfrac{df}{dx}(a)$ と書く．

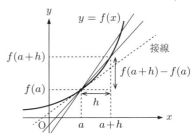

図 1.1 　微分係数と接線の傾き

Remark. 各 x に対して微分係数 $f'(x)$ (または $\dfrac{df}{dx}(x)$) を求めることを関数 $f(x)$ を微分する (*differentiate $f(x)$*) という．

　高校数学では「微分とはグラフの接線の傾きを求める計算である」と習っていた．しかし，工学の分野では変数 x を時刻と見て，微分を「時刻 x の**瞬間に**

おける $f(x)$ の **変化速度** (*velocity of change*)」と捉えることが多い．これから具体例を通してこの事実を理解していこう．

（1） 微分の具体例その1 (水の体積変化の速度)

— 例題 (Example) —

容器の中に入っている水の量が変化している．時刻 x s における水の体積が $f(x) = 2x^2$ cm³ であることがわかっている．このとき，時刻 $x = 3$ s の**瞬間**における水の体積の変化速度は何 cm³/s か．

図 1.2　水の体積変化

Hint. 水の増え方が一定ではないので，時刻 $x = 3$ s での水の体積とそこから微小時間だけずらしたときの水の体積を想像してみる．

解答 Solution　時刻 $x = 3$ s のとき，水の量は $f(3) = 2 \times 3^2$ cm³．時刻を微小時間 h s だけずらして，時刻 $x = 3 + h$ s のとき，水の量は $f(3 + h) = 2 \times (3 + h)^2$ cm³．だから，水が増えた量は，

$$f(3+h) - f(3)$$
$$= 2 \times (3+h)^2 - 2 \times 3^2$$
$$= 12h + 2h^2 \text{ cm}^3$$

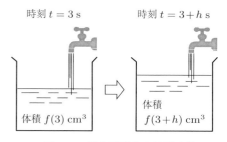

図 1.3　微小時間中の体積変化

となる．時間 h は**微小**なので，$x = 3$ s から $x = 3 + h$ s の間で水の体積が変化する速度はほぼ一定と思ってよい．したがって，この微小時間中に水の体積が変化する (平均的な) 速度は，

$$\frac{f(3+h) - f(3)}{h} = \frac{12h + 2h^2}{h}$$
$$= 12 + 2h \text{ cm}^3/\text{s}$$

である．いま，時刻 $x = 3\,\text{s}$ の**瞬間における**体積の変化速度を知りたいので，微小時間幅 h を 0 に近づければよい．ゆえに，

$$\lim_{h \to 0} \frac{f(3+h) - f(3)}{h} = \lim_{h \to 0} (12 + 2h)$$
$$= 12\,\text{cm}^3/\text{s}$$

Remark. 上の例題の解答を読むと，$x = 3\,\text{s}$ の瞬間における水の体積の変化速度は $\lim_{h \to 0} \frac{f(3+h) - f(3)}{h}\,\text{cm}^3/\text{s}$ になることがわかる．定義 1.1.1 から，これは微分係数 $f'(3)$ の値に等しい．だから，まず $f(x) = 2x^2$ を微分して，

$$f'(x) = 4x$$

を計算した後で，$x = 3$ を代入し，

$$f'(3) = 12\,\text{cm}^3/\text{s}$$

と答えてもよい．

(2)　微分の具体例その2 (速度と加速度)

次の例は物理の分野でよく登場する微分である．

例題 (Example)

x 軸上を自動車が走行している．時刻 $t\,\text{s}$ のとき，この自動車が $x(t) = 3t^2 - 5t\,\text{m}$ の位置にいる．このとき，時刻 $t = 2\,\text{s}$ の**瞬間**における自動車の速度 (*velocity*) は何 m/s か．

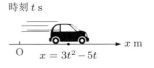

図 1.4　速度が一定ではない車

Hint. 自動車の進み方が一定ではないので，時刻 $t = 2\,\text{s}$ での自動車の位置とそこから微小時間だけずらしたときの自動車の位置を想像してみる．

6 第1章 微分積分の復習

解答 Solution 時刻 $t = 2\,\mathrm{s}$ のとき, 自動車の位置は $x(2) = 3 \times 2^2 - 5 \times 2\,\mathrm{m}$. 微小時間 $h\,\mathrm{s}$ だけ時刻をずらして, 時刻 $t = 2 + h\,\mathrm{s}$ のとき, 自動車の位置は $x(2 + h) = 3(2 + h)^2 - 5(2 + h)\,\mathrm{m}$. だから, 自動車の位置の増加分は,

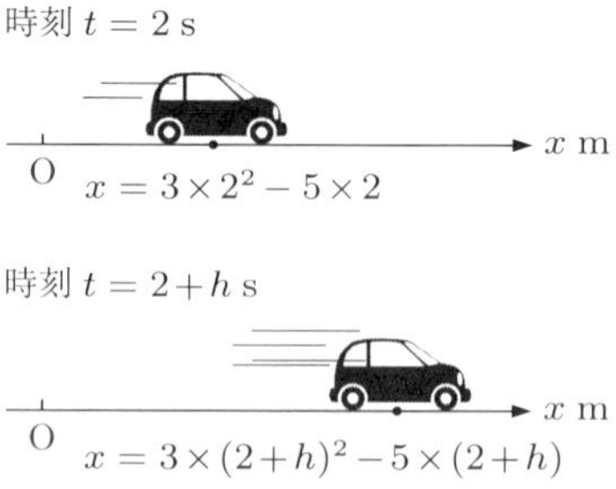

時刻 $t = 2\,\mathrm{s}$

$x = 3 \times 2^2 - 5 \times 2$

時刻 $t = 2 + h\,\mathrm{s}$

$x = 3 \times (2+h)^2 - 5 \times (2+h)$

図 **1.5** 自動車の位置の変化

$$x(2 + h) - x(2)$$
$$= \{3(2 + h)^2 - 5(2 + h)\} - \{3 \times 2^2 - 5 \times 2\}$$
$$= 7h + 3h^2\,\mathrm{m}$$

となる. 時間 h は**微小**なので, $t = 2\,\mathrm{s}$ から $t = 2 + h\,\mathrm{s}$ の間で, 自動車の進み方はほぼ一定と思ってよい. したがって, この微小時間中に自動車が移動する (平均的な) 速度は,

$$\frac{x(2 + h) - x(2)}{h} = \frac{7h + 3h^2}{h}$$
$$= 7 + 3h\,\mathrm{m/s}$$

である. いま, 時刻 $t = 2\,\mathrm{s}$ の**瞬間における**速度を知りたいので, 微小時間幅 h を 0 に近づければよい. ゆえに,

$$\lim_{h \to 0} \frac{x(2 + h) - x(2)}{h} = \lim_{h \to 0} (7 + 3h)$$
$$= 7\,\mathrm{m/s}$$

Remark. 上の例題の解答を読むと, $t = 2\,\mathrm{s}$ の瞬間における自動車の速度は $\lim_{h \to 0} \dfrac{x(2 + h) - x(2)}{h}\,\mathrm{m/s}$ になることがわかる. 定義 1.1.1 から, これは微分係数 $x'(2)$ の値に等しい. だから, まず $x(t) = 3t^2 - 5t$ を微分して,

$$x'(t) = 6t - 5$$

を計算した後で, $t = 2$ を代入し,

$$x'(2) = 7\,\mathrm{m/s}$$

と答えてもよい.

例題 (Example)

x 軸上を自動車が走行している。時刻 t s のとき，この自動車の速度が $v(t) = t^3$ m/s であることがわかっている。このとき，時刻 $t = 3$ s の**瞬間における**自動車の速度の単位時間中の変化量は何 m/s² [1] か．(これを時刻 $t = 3$ s の瞬間の**加速度** (*acceleration*) といい，速度が増える勢いを表す．)

図 1.6 速度が一定ではない車

Hint. 速度の変わり方が一定ではないので，時刻 $t = 3$ s での自動車の速度とそこから微小時間だけずらしたときの自動車の速度を想像してみる．

解答 Solution 時刻 $t = 3$ s のとき，自動車の速度は $v(3) = 3^3$ m/s. 微小時間 h s だけ時刻をずらして，時刻 $t = 3 + h$ s のとき，自動車の速度は $v(3+h) = (3+h)^3$ m/s. だから，自動車の速度の増分は，

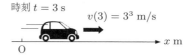

図 1.7 時刻をずらして速度を見る

$$v(3+h) - v(3) = (3+h)^3 - 3^3$$
$$= (27 + 27h + 9h^2 + h^3) - 27$$
$$= 27h + 9h^2 + h^3 \text{ m/s}$$

となる．時間 h は**微小**なので，$t = 3$ s から $t = 3 + h$ s の間で，自動車の速度の増え方はほぼ一定と思ってよい．したがって，この微小時間中における自動車の速度の 1 秒あたりの (平均的な) 変化量は，

$$\frac{v(3+h) - v(3)}{h} = \frac{27h + 9h^2 + h^3}{h}$$
$$= 27 + 9h + h^2 \text{ m/s}^2$$

---

[1] この単位の書き方に違和感を覚える人がいるかもしれない．理由は速度の変化量 (m/s) をかかった時間 (s) で割るので，単位は m/s ÷ s = m/(s × s) = m/s² となる．

である．いま，時刻 $t=3\,\mathrm{s}$ の瞬間における加速度を知りたいので，微小時間幅 h を 0 に近づければよい．ゆえに，

$$\lim_{h\to 0}\frac{v(3+h)-v(3)}{h}=\lim_{h\to 0}(27+9h+h^2)$$
$$=27\,\mathrm{m/s}^2$$

Remark. 上の例題の解答を読むと，$t=3\,\mathrm{s}$ の瞬間における自動車の加速度は，$\displaystyle\lim_{h\to 0}\frac{v(3+h)-v(3)}{h}\,\mathrm{m/s}^2$ になることがわかる．定義 1.1.1 から，これは微分係数 $v'(3)$ の値に等しい．だから，まず $v(t)=t^3$ を微分して，

$$v'(t)=3t^2$$

を計算した後で，$t=3$ を代入し，$v'(3)=27\,\mathrm{m/s}^2$ と答えてもよい．

Remark. 加速度 $v'(t)>0$ のとき，x 軸正方向に速度が増えようとしている．逆に，加速度 $v'(t)<0$ のとき，x 軸正方向に速度が減ろうとしている．

（3） 微分の具体例その 3 (個体数の変化する速度)

次の例は生物の分野で登場する微分である．

> **例題 (Example)**
>
> ビーカーの中にミジンコ (*water flea*) がいる．時刻 $t\,\mathrm{s}$ のとき，ミジンコの個体数を $u(t)$ 匹 とする．時刻 $t\,\mathrm{s}$ の**瞬間における**ミジンコの個体数変化速度は $\dfrac{du}{dt}(t)$ 匹/s になることを示せ．

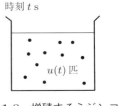

図 1.8　増殖するミジンコ

Hint. ミジンコの増え方が一定ではないので，時刻 $t\,\mathrm{s}$ での個体数と，そこから微小時間ずらしたときの個体数を想像してみる．なお，生まれたばかりのミジンコは 1 匹とみなさないで，1 未満の数値を個体数として割り当てることにする．こうすることで，$u(t)$ を整数値ではなく実数値として扱うことができる．

解答 Solution 時刻 t s のとき，ミジンコの個体数は $u(t)$ 匹．微小時間 h s だけ時刻をずらして，時刻 $t+h$ s のとき，ミジンコの個体数は $u(t+h)$ 匹．だから，ミジンコの個体数の増分は，

$$u(t+h) - u(t) \text{ 匹}$$

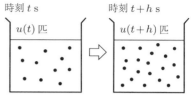

図 1.9 時刻をずらして個体数を見る

となる．時間 h は微小なので，時刻 t s から $t+h$ s の間で，ミジンコの増え方はほぼ一定と思ってよい．したがって，この微小時間中にミジンコが増える (平均的な) 速度は，

$$\frac{u(t+h) - u(t)}{h} \text{ 匹/s}$$

である．いま，時刻 t s の**瞬間**における個体数の変化速度を知りたいので，微小時間幅 h を 0 に近づければよい．ゆえに，

$$\lim_{h \to 0} \frac{u(t+h) - u(t)}{h} \text{ 匹/s}$$

となる．定義 1.1.1 から，これは微分係数 $\dfrac{du}{dt}(t)$ に等しい． ∎

(4) 微分の具体例その 4 (化学物質のモル濃度の変化速度)

次の例題は，化学の分野で登場する微分である．

例題 (Example)

時刻 x s のとき，ある溶液の濃度が $y(x)$ mol/L とする．このとき，時刻 x s の**瞬間**における濃度の変化速度は，

$$\frac{dy}{dx}(x) \text{ mol/L} \cdot \text{s}$$

になることを示せ．

図 1.10 濃度の変化

Hint. 溶液の濃度の増え方が一定ではないので，時刻 x s での濃度と，そこから微小時間ずらしたときの濃度を想像してみる．

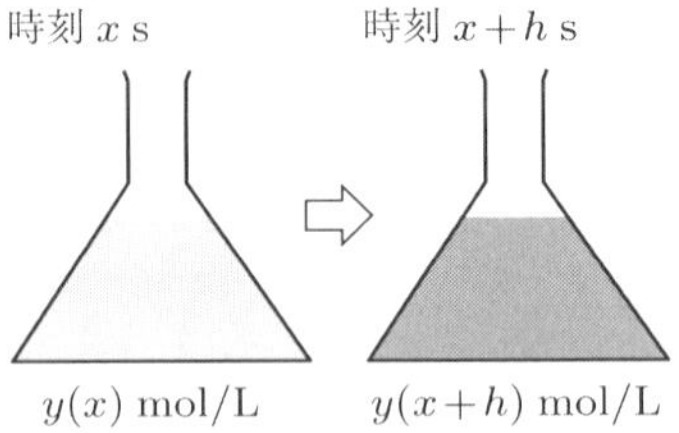

10 第 1 章 微分積分の復習

解答 Solution 時刻 x s のとき, 溶液の
濃度は $y(x)$ mol/L. 微小時間 h s だけ時刻
をずらして, 時刻 $x + h$ s のとき, 溶液の
濃度は $y(x + h)$ mol/L. だから, 濃度の増
分は,

時刻 x s　　　　時刻 $x + h$ s

$y(x)$ mol/L　　$y(x+h)$ mol/L

図 1.11 時刻をずらして変化を見る

$$y(x + h) - y(x) \text{ mol/L}$$

となる. 時間 h は**微小**なので, 時刻 x s から $x + h$ s の間で, 濃度の増え方はほ
ぼ一定と思ってよい. したがって, この微小時間中に濃度が増える (平均的な)
速度は,

$$\frac{y(x + h) - y(x)}{h} \text{ mol/L} \cdot \text{s}$$

である. いま, 時刻 x s の**瞬間**における濃度の変化速度を知りたいので, 微小時
間幅 h を 0 に近づければよい, ゆえに,

$$\lim_{h \to 0} \frac{y(x + h) - y(x)}{h} \text{ mol/L} \cdot \text{s}$$

となる. 定義 1.1.1 から, これは微分係数 $\dfrac{dy}{dx}(x)$ に等しい.

練習問題 1.1 (Exercise 1.1)

問 1　x 軸上を走る陸上選手を観察していたら, 時刻 t s のときに $x = t^2$ m の
位置にいることがわかった. この陸上選手について,

(1)　時刻 t s の瞬間における速度を求めよ.

(2)　時刻 t s の瞬間における加速度を求めよ.

問 2　ある生物を観察していたら, 時刻 t s のときに個体数が $\dfrac{100e^t}{1 + e^t}$ 匹である
ことがわかった. この微生物について, 時刻 t s の瞬間における個体数の
変化速度を求めよ.

問 3　ある気体の濃度が時刻 x s のときに $\sqrt{x^2 + 1}$ mol/L であることがわかっ
た. この気体について, 時刻 x s の瞬間における濃度変化の速度を求めよ.

問 4　ある生物を観察していたら, 時刻 t s のときに個体数が $\dfrac{200t}{1 + t^2}$ 匹である
ことがわかった. この微生物について, 時刻 3 s の瞬間における個体数の

変化速度を求めよ.

問 5 ある気体の濃度が時刻 x s のときに $\dfrac{e^{2x}}{1+e^{3x}}$ mol/L であることがわかった. この気体について, 時刻 0 s の瞬間における濃度変化の速度を求めよ.

問 6 x 軸上を移動する物体を観察していたら, 時刻 t s のときに $x = te^t$ m の位置にいることがわかった. この物体の時刻 0 s の瞬間における加速度を求めよ.

1.2 　微分方程式とは？ (What is a Differential Equation?)

以下に紹介する「人口予測の問題」と「力がはたらく物体の位置や速度の予測問題」を考えてみると, いろいろな現象の未来を予測するときに, 微分を含む関係式が必要になることがわかる. まず, マルサスの人口予測モデルを紹介する.

例 1　マルサスの人口予測モデル (Malthusian Model)

時刻 x s における世界の人口を $y = y(x)$ 人とする. 人口が増える速度 $\dfrac{dy}{dx}$ 人/s は, その時刻の人口 y 人に比例しそうである. (なぜなら, 単純に考えて, 人口が 2 倍になれば, カップルの組もだいたい 2 倍になると思われるから.) したがって,

$$\frac{dy}{dx} = ky \quad (\text{ただし}, k \text{ は } x \text{ を含まない定数})$$

という関係式が成り立ちそうである.

図 **1.12**　世界の人口

次に, 物理学における微分の関係式を紹介する.

例 2　運動の第 2 法則 (The Second Law of Motion)

時刻 t s において, x 軸上を運動する質量 m kg の物体に F N の力がはたらいている. 時刻 t s における物体の位置を $x = x(t)$ m とする. このとき, 質量 m と物体の加速度 $\dfrac{d^2x}{dt^2}$, 力 F の間には,

$$m\frac{d^2x}{dt^2} = F$$

が成り立つ. ただし, 加速度と力は x 軸正方向を正の向きとする. 上の関係式をニュートンの運動方程式 (Newton's equation of motion) という.

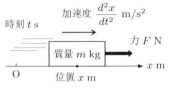

図 1.13　質量, 加速度, 力の関係

Remark. (加速度が 2 回微分 $\dfrac{d^2x}{dt^2}$ になる理由) 位置 x を時刻 t で微分したもの $\dfrac{dx}{dt}$ は速度である. 速度 $\dfrac{dx}{dt}$ を時刻 t で微分したものが加速度であるから, $\dfrac{d^2x}{dt^2}$ は加速度になる.

上の例 1 や例 2 のように, 社会現象や自然現象の未来を予測するときに, 関数の微分を含む方程式がよく用いられる. 関数の微分を含む方程式を**微分方程式** (*differential equation*) という.

例 1 の等式を満たす $y = y(x)$ の関数形がわかれば, 未来の人口を予測することができる. 微分方程式を満たす関数を求める作業を**微分方程式を解く** (*solving a differential equation*) という. 微分方程式を解くときに, ヤマ勘でしらみつぶしに関数を代入しても, そう簡単に解を見つけることはできない. 本書では, 要領よく微分方程式を解く方法を学ぶ.

1.3 必要な知識　13

1.3　必要な知識 (Requisite Knowledge)

　微分方程式を解くときに, 高校数学で学んだ積分の知識が必要になる. まず, 原始関数とは何か思い出しておこう. 原始関数とは微分の逆である.

確認事項 1.3.1 (原始関数・不定積分)

　関数 $f(x)$ に対して,
$$\frac{dF(x)}{dx} = f(x)$$
を満たす $F(x)$ を関数 $f(x)$ の**原始関数** (*primitive function*) または関数 $f(x)$ の**不定積分** (*indefinite integral*) といい, $F(x)$ を
$$\int f(x)\, dx$$
と書く.

次に, 基本的な関数の不定積分を復習しておく.

確認事項 1.3.2 (基本的な関数の不定積分)

　以下で, $\alpha \neq -1$ は定数とし, C は積分定数とする.

(1) $\displaystyle \int 3\, dx = 3x + C$　　　　(2) $\displaystyle \int x^\alpha\, dx = \frac{1}{\alpha+1} x^{\alpha+1} + C$

(3) $\displaystyle \int \frac{dx}{x} = \log|x| + C$　　　(4) $\displaystyle \int \cos x\, dx = \sin x + C$

(5) $\displaystyle \int \sin x\, dx = -\cos x + C$　　(6) $\displaystyle \int \frac{dx}{\cos^2 x} = \tan x + C$

(7) $\displaystyle \int \frac{dx}{\sin^2 x} = -\frac{1}{\tan x} + C$　　(8) $\displaystyle \int e^x\, dx = e^x + C$

　確認事項 1.3.2 で大切なことは, **右辺の関数を微分すると, 左辺の積分の中身に一致する**という見方である. 表面的な丸暗記に陥らないように心がけたい.

　複雑な関数の不定積分を計算するときには, 以下で紹介する部分積分や置換積分の公式を用いる.

14 第 1 章 微分積分の復習

確認事項 1.3.3 (部分積分 Integration by Parts)

次の等式が成り立つ.

$$\int f(x)\frac{dg(x)}{dx}\,dx = f(x)g(x) - \int \frac{df(x)}{dx}g(x)\,dx$$

確認事項 1.3.3 の部分積分は, 多くの学生にとって覚えにくいもののようである. 忘れてしまったときに備えて, 導き方を以下に紹介しておこう.

【確認事項 1.3.3 の証明】 微分の公式:

$$\frac{d(f(x)g(x))}{dx} = \frac{df(x)}{dx}g(x) + f(x)\frac{dg(x)}{dx}$$

を思い出そう. この等式と確認事項 1.3.1 を照らし合わせると, 右辺の原始関数 (または不定積分) が $f(x)g(x)$ であることがわかる. したがって,

$$\int \left\{ \frac{df(x)}{dx}g(x) + f(x)\frac{dg(x)}{dx} \right\} dx = f(x)g(x)$$

$$\iff \quad \int \frac{df(x)}{dx}g(x)\,dx + \int f(x)\frac{dg(x)}{dx}\,dx = f(x)g(x)$$

ここで左辺の $\displaystyle\int \frac{df(x)}{dx}g(x)\,dx$ を右辺に移項すると,

$$\iff \quad \int f(x)\frac{dg(x)}{dx}\,dx = f(x)g(x) - \int \frac{df(x)}{dx}g(x)\,dx$$

となる.

例題を通して部分積分による計算法を思い出そう.

── 例題 (Example) ──

不定積分 $\displaystyle\int u\sin u\,du$ を求めよ.

Hint. 変数が u になっているが, 求め方の本質は $\displaystyle\int x\sin x\,dx$ と同じである.

解答 Solution $\sin u = \dfrac{d(-\cos u)}{du}$ に注意して,

$$\int u\sin u\,du = \int u\frac{d(-\cos u)}{du}\,du \quad \cdots ①$$

と書き換えて, 部分積分の公式 (確認事項 1.3.3) を利用する.

$$① = u \times (-\cos u) - \int \frac{du}{du}(-\cos u)\,du$$

$$= -u\cos u + \int \cos u\,du$$

$$= -u\cos u + \sin u + C \quad \cdots (\text{答})$$

Remark. 計算結果の $-u\cos u + \sin u + C$ を微分して, 被積分関数 $u\sin u$ に戻ることを確かめておこう.

不定積分を計算するときに, よく利用する計算方法がもう 1 つある. それが以下に紹介する置換積分である.

確認事項 1.3.4 (置換積分 Integration by Substitution)

$x = g(t)$ とおくとき, 次の等式が成り立つ.

$$\int f(x)\,dx = \int f(g(t))\frac{dg(t)}{dt}\,dt$$

《確認事項 **1.3.4** の覚え方》 x のところにとにかく $g(t)$ を代入して,

$$\int f(x)\,dx = \int f(g(t))\,dg(t)$$

となる. ここで, **分数計算の感覚で** (*like a fractional computation*)
$dg(t) = \dfrac{dg(t)}{dt}dt$ と書き換えると,

$$\int f(x)\,dx = \int f(g(t))\frac{dg(t)}{dt}\,dt$$

となる.

例題を通して置換積分による計算法を思い出そう.

— 例題 (Example) —

次の不定積分をそれぞれ求めよ.

$$(1) \int (3x-1)^{\frac{1}{4}}\,dx \qquad (2) \int u\cos(u^2+1)\,du$$

16　第 1 章　微分積分の復習

解答 Solution (1) $3x - 1 = t$ とおく ($x = \dfrac{t+1}{3}$ を代入することと同じ).
置換積分の公式 (確認事項 1.3.4) より,

$$\int (3x - 1)^{\frac{1}{4}} \, dx = \int t^{\frac{1}{4}} \times \frac{dx}{dt} \, dt \qquad (dx = \frac{dx}{dt} dt \text{ に注意}) \quad \cdots ①$$

ここで, $\dfrac{dx}{dt} = \dfrac{1}{3}$ なので,

$$
\begin{aligned}
① &= \int t^{\frac{1}{4}} \times \frac{1}{3} \, dt \\
&= \frac{1}{\frac{1}{4} + 1} t^{\frac{1}{4} + 1} \times \frac{1}{3} + C \\
&= \frac{4}{15} t^{\frac{5}{4}} + C
\end{aligned}
$$

最後に $t = 3x - 1$ を戻して,

$$① = \frac{4}{15} (3x - 1)^{\frac{5}{4}} + C \quad \cdots (\text{答})$$

(2) $u^2 + 1 = t$ とおく. 置換積分の公式 (確認事項 1.3.4) より,

$$\int u \cos(u^2 + 1) \, du = \int u \cos t \times \frac{du}{dt} \, dt \qquad (du = \frac{du}{dt} dt \text{ に注意}) \quad \cdots ②$$

ここで, $\dfrac{d(u^2 + 1)}{du} = \dfrac{dt}{du}$ より $2u = \dfrac{dt}{du}$ なので, 逆数をとって $\dfrac{du}{dt} = \dfrac{1}{2u}$
となる. したがって,

$$
\begin{aligned}
② &= \int u \cos t \times \frac{1}{2u} \, dt \\
&= \frac{1}{2} \int \cos t \, dt \\
&= \frac{1}{2} \sin t + C
\end{aligned}
$$

最後に $t = u^2 + 1$ を戻して,

$$② = \frac{1}{2} \sin(u^2 + 1) + C \quad \cdots (\text{答})$$

Remark. (1) と (2) の答を微分して, 被積分関数 $(3x - 1)^{\frac{1}{4}}$, $u \cos(u^2 + 1)$ に戻る
ことを確かめておこう.

1.3 必要な知識 **17**

Remark. 部分積分を使うべきか，置換積分を使うべきかで迷う人がいる．そんなときには，どちらか好きな方で計算を始めてみよう．途中でダメだと気付いたら，他方の計算法で一からやり直せばよい．

　分数関数の不定積分を計算するときに，部分分数展開 (*partial fraction expansion*) と呼ばれる方法を用いることが多い．例題を通して，部分分数展開に慣れよう．

例題 (Example)

　不定積分 $\displaystyle\int \frac{u-10}{(2u+1)(u-3)}\,du$ を求めるために，次の各問に答えよ．

(1)　分数式の等式
$$\frac{u-10}{(2u+1)(u-3)} = \frac{a}{2u+1} + \frac{b}{u-3}$$
を恒等式にしたい．定数 a と b を求めよ．(この作業を**部分分数展開** (*partial fraction expansion*) という．)

(2)　不定積分 $\displaystyle\int \frac{u-10}{(2u+1)(u-3)}\,du$ を求めよ．

解答 Solution (1) 右辺を通分すると，
$$(右辺) = \frac{a(u-3)+b(2u+1)}{(2u+1)(u-3)} = \frac{(a+2b)u+(-3a+b)}{(2u+1)(u-3)}$$
となる．(左辺) の分子と係数をそろえると，
$$\begin{cases} a + 2b = 1 \\ -3a + b = -10 \end{cases}$$
となる．この連立方程式を解くと，$a = 3,\ b = -1$. $\cdots$(答)

(2) (1) より，
$$\int \frac{u-10}{(2u+1)(u-3)}\,du = \int \frac{3}{2u+1}\,du - \int \frac{1}{u-3}\,du$$
となる．ここで，$2u+1 = s,\ u-3 = t$ と置換すると，
$$= \int \frac{3}{s} \times \frac{du}{ds}\,ds - \int \frac{1}{t} \times \frac{du}{dt}\,dt$$

18   第 1 章　微分積分の復習

となる. $\dfrac{d(2u+1)}{du} = \dfrac{ds}{du}, \dfrac{d(u-3)}{du} = \dfrac{dt}{du}$ より, $2 = \dfrac{ds}{du}, 1 = \dfrac{dt}{du}$ となる
ので, それぞれ逆数をとって $\dfrac{du}{ds} = \dfrac{1}{2}, \dfrac{du}{dt} = 1$. したがって,

$$= \int \frac{3}{s} \times \frac{1}{2}\, ds - \int \frac{1}{t} \times 1 \, dt$$

$$= \frac{3}{2} \log |s| - \log |t| + C$$

となる. 最後に $s = 2u+1$ と $t = u-3$ を戻して,

$$= \frac{3}{2} \log |2u+1| - \log |u-3| + C \quad \cdots (答)$$

Remark. この例題 (2) の答を安直に $\log |(2u+1)(u-3)| + C$ と答えた人はいない
だろうか. これは $\dfrac{u-10}{(2u+1)(u-3)}$ の原始関数ではない. なぜなら,

$$\frac{d}{du}\left(\log |(2u+1)(u-3)| + C\right) = \frac{4u-5}{(2u+1)(u-3)}$$

となって, 被積分関数 $\dfrac{u-10}{(2u+1)(u-3)}$ と一致しないからである.

練習問題 1.3 (Exercise 1.3)

問 1　部分積分の公式を用いて, 次の不定積分を求めよ.

(1) $\displaystyle\int x e^x \, dx$　　　　(2) $\displaystyle\int u \cos u \, du$

(3) $\displaystyle\int \log y \, dy$　(Hint. $\log y = (\log y) \times 1$ と見る.)

問 2　置換積分の公式を用いて, 次の不定積分を求めよ.

(1) $\displaystyle\int e^{2x} \, dx$　　　　(2) $\displaystyle\int u\sqrt{u^2+1} \, du$

(3) $\displaystyle\int \tan y \, dy$　(Hint. $\tan y = \dfrac{\sin y}{\cos y}$ と見る. $\cos y = t$ と置換.)

問 3　部分分数展開を用いて, 次の不定積分を求めよ.

(1) $\displaystyle\int \frac{3x-2}{(x+1)(2x-3)} \, dx$　　　　(2) $\displaystyle\int \frac{2}{u^2-1} \, du$

(3) $\displaystyle\int \frac{4y+5}{6y^2+y-2} \, dy$

1.3 必要な知識 　19

問 4 次の不定積分を求めよ．

(1) $\displaystyle\int 4xe^{2x}\,dx$ 　　　　(2) $\displaystyle\int \log(3u+2)\,du$

(3) $\displaystyle\int \sqrt{y^2+1}\,dy$ 　(Hint. $y=\tan\theta$ または $y=\dfrac{1}{2}\left(t-\dfrac{1}{t}\right)$ と置換.)

第 2 章

変数分離型微分方程式

SEPARABLE DIFFERENTIAL EQUATIONS

　これから紹介する変数分離型微分方程式は，多種多様な微分方程式の中で最も基本的なものである．その解き方では不定積分を多用することになるので，読者は不定積分の計算に習熟していることが望ましい．

2.1 変数分離型微分方程式とは？ (What is a Separable Differential Equation?)

　最も初歩的な微分方程式は，以下に紹介するものである．

> **定義 2.1.1 (変数分離型微分方程式 Separable Differential Equation)**
> 　関数 $y = y(x)$ の導関数が，
> $$\frac{dy}{dx} = f(x)g(y)$$
> のように，変数 x のみの関数 $f(x)$ と変数 y のみの関数 $g(y)$ の**積**に等しいとき，この微分方程式を**変数分離型微分方程式** (*separable differential equation*) という．

Example. $\dfrac{dy}{dx} = 2xy^2$ や $\dfrac{dy}{dx} = \dfrac{1+y^2}{1+x}$ は変数分離型微分方程式である．2つ目の微分方程式については，右辺を $\dfrac{1}{1+x} \times (1+y^2)$ と見ればよい．

Example. $\dfrac{dy}{dx} = 2y$ も変数分離型微分方程式である．右辺を $2 \times y$ と見て，2を変数 x の定数関数と見ればよい．

Remark. $\dfrac{dy}{dx} = x^2 + y^3$ のように, 右辺が変数 x のみの関数と変数 y のみの関数の和になっているものを変数分離型微分方程式とはいわない.

2.2 変数分離型微分方程式の解法 (Method of the Solution)

例題を通して, 変数分離型微分方程式の解法を習得しよう.

例題 (Example)

微分方程式 $\dfrac{dy}{dx} = 2xy^2$ を解け. ただし, $y \neq 0$ とする.

まず, 機械的な解き方を紹介する.

解答 Solution 与えられた微分方程式の左辺にある $\dfrac{dy}{dx}$ をあたかも分数式だと思って (*regard $\dfrac{dy}{dx}$ as a fraction*), 両辺に dx を掛ける. さらに, 左辺に y の式を集めたいので, 両辺を y^2 で割ると,

$$\frac{dy}{dx} = 2xy^2 \quad \Longleftrightarrow \quad y^{-2}dy = 2xdx$$

となる. さらに, 両辺に積分記号 $\displaystyle\int$ をつけると,

$$\int y^{-2}\,dy = \int 2x\,dx$$

となる. 両辺の不定積分を計算すると,

$$-y^{-1} + C_1 = x^2 + C_2$$

となる. ここで, C_1 と C_2 は積分定数である. 等式変形を進めて,

$$\frac{1}{y} = -(x^2 + C_2 - C_1) \quad \Longleftrightarrow \quad \frac{1}{y} = -(x^2 + C)$$

ここで, $C_1 - C_2$ は定数であることに変わりないので, $C_2 - C_1 = C$ とおいた. これから, $y = -\dfrac{1}{x^2 + C}$. $\cdots$ (答)

Remark. (Check the solution.) 得られた答えが本当に微分方程式の解になっていることを確かめる姿勢は大切である. $y = -\dfrac{1}{x^2 + C}$ について,

22　第 2 章　変数分離型微分方程式

$$(微分方程式の左辺) = \frac{dy}{dx} = \frac{2x}{(x^2 + C)^2},$$

$$(微分方程式の右辺) = 2xy^2 = 2x \times \left(-\frac{1}{x^2 + C}\right)^2 = \frac{2x}{(x^2 + C)^2}$$

となって，確かに一致している．

Remark. 例題の解のように，積分定数 C を用いてすべての解を表現したものを微分方程式の**一般解** (*general solution*) という．

Remark. 例題の解答で「$\dfrac{dy}{dx}$ をあたかも分数式だと思って…」というところが釈然としない人は，次のように考えればよい．

$\dfrac{dy}{dx} = 2xy^2$ の両辺を y^2 で割り，変数 x について両辺の不定積分を考えると，

$$\int y^{-2} \frac{dy}{dx} \, dx = \int 2x \, dx \quad \cdots (*)$$

となる．ここで，置換積分の公式から，$\displaystyle\int y^{-2} \frac{dy}{dx} \, dx = \int y^{-2} \, dy$ となるので，

$$(*) \quad \Longleftrightarrow \quad \int y^{-2} \, dy = \int 2x \, dx$$

となる．結局，上で紹介した解答の途中部分に行きついてしまう．

　次の例題は，微分方程式の解がいつも $y = (x \text{ の関数})$ の形になるとは限らないことを教えてくれる．

例題 (Example)

微分方程式 $\dfrac{dy}{dx} = 2x \sin^2 y$ を解け．ただし，$\sin y \neq 0$ とする．

解答 Solution 両辺に dx を掛けて，さらに両辺を $\sin^2 y$ で割ると，

$$\frac{dy}{dx} = 2x \sin^2 y \quad \Longleftrightarrow \quad \frac{1}{\sin^2 y} dy = 2x dx$$

となる．さらに，両辺に積分記号 $\displaystyle\int$ をつけると，

$$\int \frac{1}{\sin^2 y} \, dy = \int 2x \, dx$$

2.3 微分方程式の初期値問題　　**23**

となる. 不定積分を計算すると,

$$-\frac{1}{\tan y} + C_1 = x^2 + C_2$$

となる. ここで, C_1 と C_2 は積分定数である. 等式変形を進めて,

$$\frac{1}{\tan y} = -(x^2 + C_2 - C_1) \iff \frac{1}{\tan y} = -(x^2 + C)$$

ここで, $C_1 - C_2$ は定数であることに変わりないので, $C_2 - C_1 = C$ とおいた.
両辺の逆数をとって, $\tan y = -\dfrac{1}{x^2 + C}$　　$\cdots$(答)

Remark. このような x と y の等式による表現も微分方程式の解である.

練習問題 2.2 (Exercise 2.2)

問 1　次の微分方程式の一般解を求めよ. ただし, y は (右辺) $\neq 0$ を満たす.

(1) $\dfrac{dy}{dx} = x^2 y^3$　　　　(2) $\dfrac{dy}{dx} = \dfrac{y^2}{2x}$　　　　(3) $\dfrac{dy}{dx} = 3x^2 e^{-y}$

(4) $2y\dfrac{dy}{dx} = xe^{y^2}$　　　　(5) $\dfrac{dy}{dx} = y$

問 2　次の微分方程式の一般解を求めよ. ただし, y は (右辺) $\neq 0$ を満たす.
(答が必ずしも $y = (x$ の関数) の形で書けるとは限らない.)

(1) $\dfrac{dy}{dx} = 2x\cos^2 y$　　　　(2) $y\dfrac{dy}{dx} = xe^{y^2}$　　　　(3) $\dfrac{dy}{dx} = \dfrac{3x^2}{1+y^2}$

問 3　次の微分方程式の一般解を求めよ. ただし, y は (右辺) $\neq 0$ を満たす.

(1) $\dfrac{dy}{dx} = (y-1)(y-2)$　　(Hint. 部分分数展開)

(2) $\dfrac{dy}{dx} = 2x(1+y^2)$　　(Hint. 不定積分の計算で, $y = \tan\theta$ と置換.)

(3) $\dfrac{dy}{dx} = 3e^{3x}\sqrt{1-y^2}$　　(Hint. 不定積分の計算で, $y = \cos\theta$ と置換.)

2.3　微分方程式の初期値問題 (Initial Value Problem)

　微分方程式は物事の未来を予測するときによく利用される. つまり, 時刻 x 秒におけるある量 $y = y(x)$ の値を予測するときに役立つ. その際に, ある時刻 $x = x_0$ 秒での y の値 $y(x_0) = a$ が必要になることがある. ある x_0 での関

24   第 2 章　変数分離型微分方程式

係式 $y(x_0) = a$ を初期条件 (*initial condition*) といい, 値 a を初期値 (*initial value*) という.

───── 例題 (**Example**) ─────

次の微分方程式と初期条件を満たす関数 $y = y(x)$ を求めよ.
$$\frac{dy}{dx} = 2y, \quad y(0) = 3$$

解答 Solution 左辺の微分をあたかも分数式のように見て,

$$\frac{dy}{dx} = 2y \iff \frac{dy}{y} = 2dx$$
$$\iff \int \frac{dy}{y} = \int 2\,dx$$
$$\iff \log|y| + C_1 = 2x + C_2$$
$$\iff \log|y| = 2x + (C_2 - C_1).$$

ここで, $C_2 - C_1$ は定数なので, これを C とおく. すると,

$$\log|y| = 2x + C \iff |y| = e^{2x+C}$$

となる. 指数法則より $e^{2x+C} = e^{2x}e^C$ に注意して絶対値をはずすと,

$$y = \pm e^C e^{2x}$$

$\pm e^C$ も定数なので, これを D とおくと, 一般解

$$y = De^{2x}$$

を得る. 最後に初期条件 $y(0) = 3$ に注意して $x = 0, y = 3$ を上式に代入すると,

$$3 = D \times 1 \quad (\because e^0 = 1)$$

となる. これから定数 $D = 3$ がわかるので, $y = 3e^{2x}$.　 $\cdots$(答)

Remark. この例題のように, 微分方程式と初期条件の両方を満たす解を求めることを微分方程式の初期値問題を解く (*solving an initial value problem of differential equation*) という. 初期条件があると, 一般解に含まれる積分定数の値を定めることができる.

2.4 変数分離型微分方程式の応用　　25

練習問題 2.3 (Exercise 2.3)

問 1　次の微分方程式と初期条件を満たす解を求めよ.

(1) $\dfrac{dy}{dx} = 3y$,　$y(0) = 1$　　　(2) $\dfrac{dy}{dx} = -y$,　$y(0) = -2$

(3) $\dfrac{dy}{dx} = 2x\cos^2 y$,　$y(0) = 0$

問 2　次の微分方程式と初期条件を満たす解を求めよ.

(1) $\dfrac{dy}{dx} = y(y-2)$,　$y(0) = 1$　　　(2) $\dfrac{dy}{dx} = 2x(1+y^2)$,　$y(0) = 0$

(3) $\dfrac{dy}{dx} = 3x^2\sqrt{1-y^2}$,　$y(0) = 0$

2.4　変数分離型微分方程式の応用 (Application)

───── 例題 (マルサスの人口予測モデル Malthusian model) ─────

　時刻 t s における世界人口を $y = y(t)$ 人とする. 時刻 t s において人口が増える速度 $\dfrac{dy}{dt}$ 人/s は, その時点での人口 y に比例するものと考えられる. この比例定数を $k > 0$ とすると, 人口 $y = y(t)$ は微分方程式

$$\frac{dy}{dt} = ky \quad \cdots (*)$$

を満たす. 次の各問に答えよ.

(1)　微分方程式 $(*)$ の一般解を求めよ. ただし, $y \neq 0$ とする.

(2)　時刻 $t = 0$ において, 世界の人口が a 人 とする. このとき, 時刻 t s における世界人口を求めよ.

解答 Solution　(1) 変数が x ではなく t になっているが, 微分 $\dfrac{dy}{dt}$ をあたかも分数だと思って処理すればよい.

$$\frac{dy}{dt} = ky \iff \int \frac{dy}{y} = \int k\,dt$$
$$\iff \log|y| + C_1 = kt + C_2$$
$$\iff \log|y| = kt + (C_2 - C_1)$$

ここで, $C_2 - C_1$ は定数なので, これを C とおく. すると,

26　第 2 章　変数分離型微分方程式

$$\log |y| = kt + C \iff |y| = e^{kt+C}$$

となる. 指数法則より $e^{kt+C} = e^{kt}e^C$ に注意して, 絶対値をはずすと,

$$y = \pm e^C e^{kt}$$

となる. $\pm e^C$ も定数なので, これを D とおくと, $y = De^{kt}$.　$\cdots$(答)

(2) 初期条件 $y(0) = a$ に注意して $t = 0$ を (1) の答に代入すると,

$$a = D \times 1 \qquad (\because e^0 = 1)$$

となる. これから定数 $D = a$ がわかるので, $y = ae^{kt}$.　$\cdots$(答)

練習問題 2.4 (Exercise 2.4)

問 1　座標平面上の曲線 $y = f(x)$ 上の点 P $(t, f(t))$ における接線を ℓ とする. 任意の t に対して, 接線 ℓ と x 軸との交点が $(t-1, 0)$ になるとき, 次の各問に答えよ.

(1) 接線 ℓ の式を t, x, y で表せ.

(2) 関数 $f(t)$ が満たす微分方程式を求めよ.

(3) $f(0) = 2$ を満たすとき, (2) の微分方程式を解け.

問 2　例題では, 微分方程式 $\dfrac{dy}{dt} = ky$ を解いて, 世界の人口が ae^{kt} のように指数関数的に増大する結果を得た. しかし, 実際には人口が増えると様々な社会問題 (食糧問題や地価高騰など) が生じるので, 人口の増大を抑制する効果がはたらくはずである. そこで, 比例定数 k が人口の増大とともに小さくなる効果を取り入れる. つまり, k を $k(1-by)$ に置き換えて,

$$\frac{dy}{dt} = k(1 - by)y \quad \cdots (*)$$

という微分方程式が人口の変化をより現実的に表していると考える. この微分方程式を**ロジスティックモデル** (*logistic model*) という. 次の各問に答えよ.

(1) $k = 1$, $b = 1$ として, 微分方程式 $(*)$ の一般解を求めよ. ただし, $y \neq 0, 1$ とする.

(2) (1) の解が $y(0) = \dfrac{1}{2}$ を満たすように積分定数の値を定めよ.

第 3 章

同次形微分方程式

HOMOGENEOUS DIFFERENTIAL EQUATIONS

この章では，一見すると変数分離型ではなさそうだが，ちょっとした変数変換を行うと変数分離型に帰着される微分方程式の解き方を学ぶ.

3.1 同次形微分方程式とは？ (What is a Homogeneous Differential Equation?)

次のような形をした微分方程式を取り扱う.

> **定義 3.1.1** (同次形微分方程式 Homogeneous Differential Equation)
> 関数 $y = y(x)$ の導関数が，
> $$\frac{dy}{dx} = f\left(\frac{y}{x}\right)$$
> のように $\dfrac{y}{x}$ の関数になっているとき，この微分方程式を**同次形微分方程式** (*homogeneous differential equation*) という.

Example. $\dfrac{dy}{dx} = 1 + \dfrac{3y}{x}$ は同次形微分方程式である.

Example. $\dfrac{dy}{dx} = \dfrac{x + 2y}{3x + y}$ も同次形微分方程式である. 右辺の分子・分母に $\dfrac{1}{x}$ を掛けると，$\dfrac{x + 2y}{3x + y} = \dfrac{1 + 2\dfrac{y}{x}}{3 + \dfrac{y}{x}}$ となるから.

28   第 3 章　同次形微分方程式

Example. $\dfrac{dy}{dx} = \dfrac{\sin y}{x}$ は同次形微分方程式ではない. (なぜなら, $\dfrac{\sin y}{x} \ne \sin\dfrac{y}{x}$ だから.)

3.2　同次形微分方程式の解法 (Method of the Solution)

例題を通して, 同次形微分方程式の解法を習得しよう.

例題 (Example) ───────────

微分方程式 $\dfrac{dy}{dx} = 1 + \dfrac{3y}{x}$ を解け.

解答 Solution

(Step 1) $y = xu$ とおく (解法の鍵).

$y = xu$ (u は x を変数とする関数) を与えられた微分方程式に代入する.

$$\frac{d(xu)}{dx} = 1 + \frac{3xu}{x} \iff \frac{dx}{dx}u + x\frac{du}{dx} = 1 + 3u$$

$$\iff u + x\frac{du}{dx} = 1 + 3u$$

$$\iff x\frac{du}{dx} = 1 + 2u \quad \cdots(*)$$

(これは, 変数分離型微分方程式である.)

(Step 2) 変数分離型微分方程式の解法 (第 2 章参照) で解く.

微分方程式 $(*)$ の左辺にある $\dfrac{du}{dx}$ を分数式と思って,

$$(*) \iff \frac{1}{1 + 2u}du = \frac{1}{x}dx.$$

両辺に積分記号 $\displaystyle\int$ をつけると,

$$\int \frac{1}{1 + 2u}\,du = \int \frac{1}{x}\,dx \iff \frac{1}{2}\log|1 + 2u| + C_1 = \log|x| + C_2$$

$$\iff \log|1 + 2u| = 2\log|x| + 2(C_2 - C_1).$$

$2(C_2 - C_1)$ は定数なので, これを C と書いてもよい.

$$\log|1 + 2u| = 2\log|x| + C \iff \log|1 + 2u| = \log|x|^2 + \log e^C$$

$$\iff \quad \log|1 + 2u| = \log(x^2 e^C)$$

$$\iff \quad |1 + 2u| = e^C x^2$$

$$\iff \quad 1 + 2u = \pm e^C x^2$$

$$\iff \quad u = \frac{\pm e^C x^2 - 1}{2}$$

ここで，$\pm e^C$ も定数なので，これを D と書くことにする．(Step 1) で $y = xu$ とおいたので，

$$y = xu$$

$$= x \times \frac{Dx^2 - 1}{2}$$

$$= \frac{Dx^3 - x}{2}. \quad \cdots (\text{答})$$

練習問題 3.2 (Exercise 3.2)

問 1 次の微分方程式を解け．

(1) $\dfrac{dy}{dx} = 3 + \dfrac{y}{x}$ (2) $\dfrac{dy}{dx} = \dfrac{x + 2y}{x}$

(3) $\dfrac{dy}{dx} = \dfrac{y}{x} + \tan\dfrac{y}{x}$

問 2 次の微分方程式の初期値問題を解け．

(1) $\dfrac{dy}{dx} = 2 + \dfrac{y}{x}, \quad y(1) = 1$ (2) $\dfrac{dy}{dx} = \dfrac{6x + y}{2x + y}, \quad y(1) = 3$

3.3 同次形微分方程式の応用 (Application)

ここで紹介するものは，産業と数学との関わりである．計算技法で高度なものを使用するので，先を急ぐ読者はこの節を読み飛ばしてもよい．

例題 (懐中電灯のかさの形状 Reflecting Surface of Flashlight)

座標平面上の原点 O に点光源をおく．この点光源から四方八方に飛び出す光が，曲線 $y = f(x)$ で表される鏡で反射し，y 軸に平行に進むようにしたい．$f(x)$ の関数形を求めるために，次の各問に答えよ．

(1) $0 < x$ のとき，$f(x)$ は次の同次形微分方程式を満たすことを示せ．

$$\frac{df}{dx} = \frac{f}{x} + \sqrt{1 + \left(\frac{f}{x}\right)^2}$$

図 3.1　光の反射

(2) (1) の微分方程式を解け．

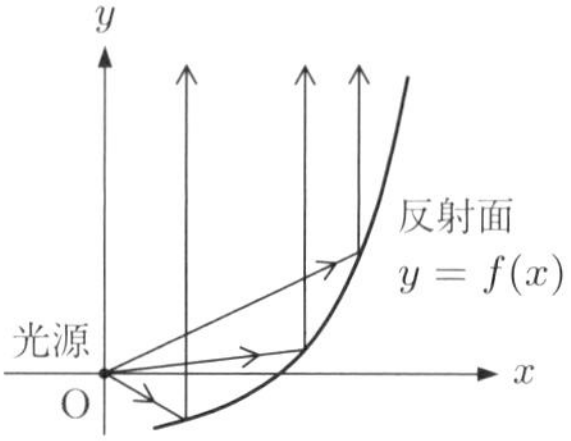

解答 Solution (1) 曲線 $y = f(x)$ 上の点 P $(x, f(x))$ で反射する光線に着目する．点 P における曲線 $y = f(x)$ の接線の傾きは微分係数 $f'(x)$ であるから，この接線の方向を表すベクトルは，

(点 P における接線の方向ベクトル)
$= (1, f'(x))$

である．そして，原点 O の光源から点 P に入射してくる光線の方向ベクトルは，

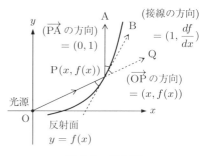

図 3.2　考え方

(点 P に入射する光線の方向ベクトル) $= (x, f(x))$.

そして，点 P で反射したあとの光線の方向ベクトルは，

(点 P で反射後の光線の方向ベクトル) $= (0, 1)$,

3.3 同次形微分方程式の応用 *31*

である. 反射の性質から, 図 3.2 において ∠APB = ∠QPB なので,

$$\cos \angle \text{APB} = \cos \angle \text{QPB} \quad \cdots (*)$$

が成り立つ. ベクトルの内積を利用してこれら cos の値を表現すると,

$$(*) \iff \frac{(0,1) \cdot (1, f')}{|(0,1)||(1, f')|} = \frac{(x, f) \cdot (1, f')}{|(x, f)||(1, f')|}$$

$$\iff \frac{x + f f'}{\sqrt{x^2 + f^2}} = f'$$

$$\iff f' = \frac{x}{\sqrt{x^2 + f^2} - f}.$$

ここで, 分母を有理化すると,

$$f' = \frac{\sqrt{x^2 + f^2} + f}{x} = \sqrt{1 + \left(\frac{f}{x}\right)^2} + \frac{f}{x}$$

となる. これは同次形微分方程式である.

(2) $f = xg$ とおく. これを (1) の微分方程式に代入すると,

$$x \frac{dg}{dx} = \sqrt{1 + g^2} \iff \int \frac{1}{\sqrt{1 + g^2}} \, dg = \int \frac{1}{x} \, dx.$$

左辺の不定積分について, $g = \frac{1}{2} \left(t - \frac{1}{t} \right)$ (ただし, $t > 0$ とする) とおいて置換積分する. $\frac{dg}{dt} = \frac{1}{2} \left(1 + \frac{1}{t^2} \right)$ に注意して式変形を進めると,

$$\int \frac{1}{t} \, dt = \int \frac{1}{x} \, dx \iff \log|t| = \log|x| + C$$

$$\iff t = \pm e^C x.$$

ここで $\pm e^C = D$ とおくと, $g = \frac{1}{2} \left(Dx - \frac{1}{Dx} \right)$ となる. $f = xg$ だったので,

$$f = \frac{D}{2} x^2 - \frac{1}{2D} \quad \cdots (答)$$

を得る. (これは放物線である.)

練習問題 3.3 (Exercise 3.3)

問 1 座標平面全体を流れる川があり、その流れは x 軸に平行で、x 正方向に速さ $1\,\mathrm{m/s}$ とする. 静水上でエンジンをかけると速さ $2\,\mathrm{m/s}$ で移動する小さな船 S がある. 船 S がこの川の上でエンジンをかけ始めたとき、座標平面上の位置 $(30, -40)$ にいた. 船 S は舳先を常に原点 O に向けて川の上を移動するものとして、次の各問に答えよ.

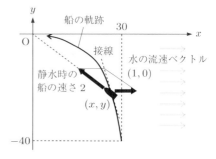

図 3.3 流れの中の船

(1) 船 S が座標平面上の位置 (x, y) にいるとき、川岸にいる人から見た船 S の速度を求めよ. (ヒント: 川の流れの速さが $0\,\mathrm{m/s}$ ならば、船 S の速度は $-2\dfrac{(x, y)}{\sqrt{x^2+y^2}}$ となる. これに川の流れの速度 $(1, 0)$ を加えることになる.)

(2) 川岸にいる人から見て、船 S の軌道の接線の向きと船 S の速度の向きが一致することに注意して、x と y の関係を表す微分方程式を導け.

(3) (2) の微分方程式は同次形微分方程式であることを確かめよ.

(4) 初期条件 $y(30) = -40$ に注意して、(2) の微分方程式を解け.

第 4 章

ベルヌーイ型微分方程式

THE BERNOULLI DIFFERENTIAL EQUATIONS

　これまで変数分離型微分方程式と同次形微分方程式を取り扱ってきたが，さらにベルヌーイ型微分方程式を取り扱う．この方程式の解き方にはいろいろあるが，ここでは「微分作用素の変形」を用いる方法を紹介する．

4.1　ベルヌーイ型微分方程式とは？ (What is the Bernoulli Differential Equation?)

　変数分離型や同次形と異なる微分方程式で，初等的な解法があるものとして，次のベルヌーイ型微分方程式がある．

> **定義 4.1.1** (ベルヌーイ型微分方程式 Bernoulli Differential Equation)
> 　関数 $y = y(x)$ の導関数が，
> $$\frac{dy}{dx} = P(x)y + Q(x)y^{\alpha}$$
> のように，y の 1 次単項式と α 次単項式の和になっているとき，この微分方程式を**ベルヌーイ型微分方程式** (*Bernoulli Differential Equation*) という．ただし，$P(x)$ と $Q(x)$ は変数を x とする関数である．

34   第 4 章　ベルヌーイ型微分方程式

練習問題 4.1 (Exercise 4.1)

問 1　次の微分方程式の中で，ベルヌーイ型微分方程式であるものを記号ですべて答えよ．

(a) $\dfrac{dy}{dx} = xy - y^2$　　(b) $\dfrac{dy}{dx} = y^2 + xy^3$　　(c) $\dfrac{dy}{dx} + y = e^x e^y$

4.2　解法のための準備 (Preliminary)

　ベルヌーイ型微分方程式を解くとき，次の式変形が役立つ．実は，準備 4.2.1 の式変形は以降の章でも大変よく利用するので，しっかりと理解してほしい．

準備 4.2.1 (微分作用素の変形 Deformation of Differential Operator)

　関数 $y = y(x)$ に対して，次の書き換えが成り立つ．関数 $f(x)$ の原始関数を $F(x)$ とすると，

$$\frac{dy}{dx} + f(x)y = e^{-F(x)} \frac{d}{dx} \left(e^{F(x)} y \right).$$

Remark. 左辺の $\dfrac{dy}{dx} + f(x)y$ を略式的に $\left(\dfrac{d}{dx} + f(x) \right) y$ と書くことがある．このとき，$\dfrac{d}{dx} + f(x)$ を**微分作用素** または **微分演算子** (*differential operator*) という．

証明 Proof　(右辺) を計算して (左辺) になることを確かめる．まず，積の微分公式と合成関数の微分公式より，

$$(右辺) = e^{-F(x)} \left(\frac{de^{F(x)}}{dx} y + e^{F(x)} \frac{dy}{dx} \right)$$

$$= e^{-F(x)} \left(e^{F(x)} \frac{dF(x)}{dx} y + e^{F(x)} \frac{dy}{dx} \right).$$

ここで，$F(x)$ は関数 $f(x)$ の原始関数なので，$\dfrac{dF(x)}{dx} = f(x)$ に注意すると，

$$= e^{-F(x)} \left(e^{F(x)} f(x)y + e^{F(x)} \frac{dy}{dx} \right)$$

となる．$e^{-F(x)} e^{F(x)} = 1$ なので，

$$= f(x)y + \frac{dy}{dx}$$

4.3 ベルヌーイ型微分方程式の解法   35

$$= (左辺).$$

練習問題 4.2 (Exercise 4.2)

問 1 次の各問に答えよ.

(1) 関数 $2x$ の原始関数として $F(x) = x^2$ を選ぶ. 準備 4.2.1 を利用すると,

$$\frac{dy}{dx} + 2xy = e^{\boxed{(a)}}\frac{d}{dx}\left(e^{\boxed{(b)}}y\right)$$

となる. この文章の空欄 (a), (b) に入る数式を答えよ.

(2) (1) で答えた $e^{\boxed{(a)}}\dfrac{d}{dx}\left(e^{\boxed{(b)}}y\right)$ を微分の公式を用いて計算

し, $\dfrac{dy}{dx} + 2xy$ になることを確かめよ. (この計算によって, (a) と
(b) の符号が正しいかどうかを確認することができる.)

4.3 ベルヌーイ型微分方程式の解法 (Method of the Solution)

例題を通して, ベルヌーイ型微分方程式の解法を習得しよう.

--- **例題 (Example)** ---

ベルヌーイ型微分方程式 $\dfrac{dy}{dx} = -\dfrac{2}{x}y + xy^3$ を解いて, x と y の関係式
を求めよ.

解答 Solution 右辺の y の 1 乗の項を左辺に移項して, この微分方程式を

$$\frac{dy}{dx} + \frac{2}{x}y = xy^3 \quad \cdots (*)$$

と書くことにする. 2 つのステップに分けて解答する.

(Step 1) 準備 **4.2.1** の式変形を利用して左辺を書き換える.

$\dfrac{2}{x}$ の原始関数は $F(x) = 2\log|x|$ であることに注意して, 準備 4.2.1 より,

$$(*) \iff e^{-2\log|x|}\frac{d}{dx}\left(e^{2\log|x|}y\right) = xy^3$$

$$\iff |x|^{-2}\frac{d}{dx}\left(|x|^2 y\right) = xy^3$$

$$\iff x^{-2}\frac{d}{dx}\left(x^2 y\right) = xy^3$$

$$\iff \frac{d}{dx}\left(x^2 y\right) = x^3 y^3. \quad \cdots (**)$$

(Step 2) ($\cdots$) の中を u とおく.

$x^2 y = u$ とおく. すると, $y = x^{-2}u$ となることに注意. これを $(**)$ に代入して,

$$(**) \iff \frac{du}{dx} = x^3(x^{-2}u)^3$$

$$\iff \frac{du}{dx} = x^{-3}u^3$$

となる. これは変数分離型微分方程式なので,

$$(**) \iff u^{-3}du = x^{-3}dx$$

となる. 両辺に積分記号 $\displaystyle\int$ をつけると,

$$\int u^{-3}\,du = \int x^{-3}\,dx \iff -\frac{1}{2}u^{-2} = -\frac{1}{2}x^{-2} + C$$

$$\iff u^{-2} = x^{-2} - 2C$$

となる. $u = x^2 y$ だったので, これを代入して,

$$(x^2 y)^{-2} = x^{-2} - 2C \iff x^{-4}y^{-2} = x^{-2} - 2C$$

$$\iff y^2 = \frac{1}{x^2 - 2Cx^4}.$$

$-2C$ は定数なので, これを D とおけば,

$$y^2 = \frac{1}{x^2 + Dx^4}. \quad \cdots (答)$$

4.4 ベルヌーイ型微分方程式の応用　　37

練習問題 4.3 (Exercise 4.3)

問 1　次のベルヌーイ型微分方程式を解け.

(1) $\dfrac{dy}{dx} + \dfrac{3}{x}y = x^2 y^3$ (ただし, $x > 0$)

(2) $\dfrac{dy}{dx} = 4y + e^{2x}y^2$　　　　(3) $\dfrac{dy}{dx} = -2xy + e^{x^2}y^2$

問 2　次の微分方程式の初期値問題を解け.

(1) $\dfrac{dy}{dx} + \dfrac{y}{x} = x^5 y^4$, $y(1) = 1$　　(2) $\dfrac{dy}{dx} = 3y + e^{-6x}y^3$, $y(0) = 1$

(3) $\dfrac{dy}{dx} + y\cos x = e^{\sin x}y^2$, $y(0) = 2$

4.4　ベルヌーイ型微分方程式の応用 (Application)

　この節で取り扱う話題は微分方程式の生物学への応用である. 微分方程式の解法を手っ取り早く習得したい人は読み飛ばしても構わない.

　ある地域において未来の人口を予測するために, ベルギーの数学者フェルフルスト (P. F. Verhulst) が次のような微分方程式を提唱した. $y = y(t)$ を時刻 t における人口とすると,

$$\frac{dy}{dt} = r\left(1 - \frac{y}{K}\right)y$$

が成り立つ. ここで, r と K は人々が生活する環境によって定まる正の定数である. これをロジスティック方程式といい, 人口だけでなく生物の個体数変動をモデル化したものである. (この方程式は, 変数分離型微分方程式である. しかし, r や K が時刻 t に応じて変化する関数になると, ベルヌーイ型微分方程式になる.)

例題 (Example)

r, K, a を正の定数として, 微分方程式の初期値問題を解け.

$$\frac{dy}{dt} = r\left(1 - \frac{y}{K}\right)y, \qquad y(0) = a$$

　これは変数分離型だが, ベルヌーイ型微分方程式の解法で解いてみる.

38 第4章 ベルヌーイ型微分方程式

解答 Solution まず, 与えられた微分方程式を

$$\frac{dy}{dt} + (-r)y = -\frac{r}{K}y^2$$

と書き換える.

(Step 1) 準備 **4.2.1** の式変形を利用して左辺を書き換える.

定数 $-r$ の原始関数の 1 つは $F(t) = -rt$ であるから, 準備 4.2.1 より,

$$\frac{dy}{dt} + (-r)y = -\frac{y^2}{K} \quad \Longleftrightarrow \quad e^{-(-rt)}\frac{d}{dt}\left(e^{-rt}y\right) = -\frac{r}{K}y^2$$

$$\Longleftrightarrow \quad \frac{d}{dt}\left(e^{-rt}y\right) = -\frac{r}{K}e^{-rt}y^2 \quad \cdots (*)$$

となる.

(Step 2) ($\cdots$) の中を u とおく.

$e^{-rt}y = u$ とおく. $y = e^{rt}u$ なので, これを $(*)$ に代入すると,

$$(*) \quad \Longleftrightarrow \quad \frac{du}{dt} = -\frac{r}{K}e^{-rt}(e^{rt}u)^2$$

$$\Longleftrightarrow \quad \frac{du}{dt} = -\frac{r}{K}e^{rt}u^2$$

となる. これは変数分離型微分方程式なので,

$$(*) \quad \Longleftrightarrow \quad u^{-2}du = -\frac{r}{K}e^{rt}dt$$

と書き換えて, 両辺に積分記号 $\int$ をつけると,

$$\int u^{-2}\,du = -\int \frac{r}{K}e^{rt}\,dt \quad \Longleftrightarrow \quad -u^{-1} = -\frac{1}{K}e^{rt} + C$$

$$\Longleftrightarrow \quad u = \frac{K}{e^{rt} - CK}$$

ただし, C は積分定数である. ここで, $y = e^{rt}u$ だったので,

$$y = \frac{Ke^{rt}}{e^{rt} - CK} \quad \cdots (**)$$

となる.

最後に，初期条件 $y(0) = a$ を利用して，積分定数 C を決める．上式の両辺に $t = 0$ を代入して，

$$a = \frac{K}{1 - CK} \quad \Longleftrightarrow \quad C = \frac{a - K}{aK}$$

となる．これを $(**)$ に代入して，$y = \dfrac{Kae^{rt}}{a(e^{rt} - 1) + K}$ $\cdots$(答)

練習問題 4.4 (Exercise 4.4)

問 1 上の例題の答について，極限 $\displaystyle\lim_{t \to \infty} y(t)$ を求めよ．(定数 K は**環境収容力**と呼ばれる．)

問 2 政府などの取り組みにより，環境収容力が時々刻々変化する場合，上の例題の初期値問題は，

$$\frac{dy}{dt} = r\left(1 - \frac{y}{K(t)}\right)y, \quad y(0) = a$$

のように，定数 K の部分が時刻 t の関数になるであろう．$K(t) = K_0 e^{r_0 t}$ とするとき，この微分方程式の初期値問題を解け．ただし，K_0, r_0, r, a は正の定数とする．

第 5 章

1 階線形微分方程式

LINEAR DIFFERENTIAL EQUATIONS OF 1ST ORDER

　この章から線形微分方程式の解法について学ぶ. 工学系の理論では物理現象を数式化するときにいろいろな近似を用いて線形微分方程式に帰着させることが多い. それは, 線形微分方程式の多くが「解ける」ので, 理論を構築しやすいからであろう. 多くの書籍では, 線形微分方程式を解くときに線形代数の知識をいくらか絡めることが通例になっている. しかし, 本書では線形代数の知識をあまり前面に出さないように心がけたい. その代わりに, 前章の準備 4.2.1 で紹介した微分作用素の変形を活用する.

5.1　1 階線形微分方程式とは？ (What is a Linear Diff. Eq. of 1st Order?)

　下の定義を見ればわかるように, 1 階線形微分方程式は前章で学んだ「ベルヌーイ型微分方程式」の特殊なものである ($\alpha = 0$ の場合に相当する). しかし, その解法には, のちに登場する 2 階線形微分方程式の解法につながるヒントが隠されているので, あえてここで取り上げる.

> **定義 5.1.1 (1 階線形微分方程式 Linear Diff. Eq. of 1st Order)**
>
> $$\frac{dy}{dx} + P(x)y = Q(x)$$
>
> のように, $\frac{dy}{dx}$ と y の 1 次単項式の和が, 変数 x のみの関数 $Q(x)$ と等しいと

き, この微分方程式を **1 階線形微分方程式** (*linear differential equation of 1st order*) という.

Remark. 1 階 (*1st order*) という言葉は, 1 回微分 $\dfrac{dy}{dx}$ が方程式に含まれていることを意味する.

Remark. 線形 (*linear*) という言葉は, 定義 5.1.1 の方程式の左辺に現れている計算が線形写像の性質をもつことを意味している. つまり, 次の 2 つの性質をもつことに由来している.

① すべての定数 C に対して,

$$\frac{d(Cy)}{dx} + P(x)(Cy) = C\left(\frac{dy}{dx} + P(x)y\right)$$

が成り立つ. (定数を外に出すことができる.)

② 2 つの関数 $y_1 = y_1(x)$ と $y_2 = y_2(x)$ に対して,

$$\frac{d(y_1 + y_2)}{dx} + P(x)(y_1 + y_2) = \left(\frac{dy_1}{dx} + P(x)y_1\right) + \left(\frac{dy_2}{dx} + P(x)y_2\right)$$

が成り立つ. (各々の関数に分けて計算できる.)

練習問題 5.1 (Exercise 5.1)

問 1 次の (a) と (b) の微分方程式は線形微分方程式では**ない**. その理由を述べよ.

(a) $\dfrac{dy}{dx} + xy^2 = e^x$ (b) $\dfrac{dy}{dx} + \dfrac{y^2}{|y|} = 0$

5.2 1 階線形微分方程式の解法 (Method of the Solution)

例題を通して, 1 階線形微分方程式の解法を身につけよう.

— 例題 (Example) —

微分方程式 $\dfrac{dy}{dx} + 2xy = 3x^2 e^{-x^2}$ を解け.

解答 Solution まず, 前章の「準備 4.2.1」を利用して左辺を書き換える. $2x$

42 第 5 章 1 階線形微分方程式

の原始関数の 1 つは $F(x) = x^2$ なので,

$$\frac{dy}{dx} + 2xy = 3x^2 e^{-x^2} \iff e^{-x^2} \frac{d}{dx}\left(e^{x^2} y\right) = 3x^2 e^{-x^2}$$

$$\iff \frac{d}{dx}\left(e^{x^2} y\right) = 3x^2$$

これは, 右辺にある $3x^2$ の原始関数が, 左辺にある $e^{x^2} y$ であることを示している. つまり,

$$e^{x^2} y = \int 3x^2 \, dx \iff e^{x^2} y = x^3 + C \quad (C \text{ は積分定数}).$$

ゆえに, $y = (x^3 + C)e^{-x^2}$ $\cdots$ (答)

練習問題 5.2 (Exercise 5.2)

問 1 次の微分方程式を解け.

(1) $\dfrac{dy}{dx} + 3x^2 y = 2x e^{-x^3}$ 　　　　(2) $\dfrac{dy}{dx} = 4y + 3$

(3) $\dfrac{dy}{dx} + y \sin x = 2x e^{\cos x}$

問 2 次の微分方程式の初期値問題を解け.

(1) $\dfrac{dy}{dx} + 3y = e^{-2x}$, $y(0) = 0$ 　　(2) $\dfrac{dy}{dx} = \dfrac{y}{\sqrt{x}} + e^{2\sqrt{x}}$, $y(1) = e^2$

(3) $\dfrac{dy}{dx} + 3y = x$, $y(0) = 1$

5.3　1階線形微分方程式の応用 (Application)

この節で取り扱う話題は微分方程式の物理学への応用である．微分方程式の解法を手っ取り早く習得したい人は読み飛ばしても構わない．

例題 (空気抵抗と落下運動 a falling object receiving air resistance)

質量 7.0×10^{-4} kg の雨粒が初速度 0 m/s で大気中を落下している．この雨粒には，速度に比例する空気抵抗 (比例定数は 1.4×10^{-4} N·s/m とする) がはたらく．

雨粒の落下方向に x 軸を設定し，時刻 t s における雨粒の速度 (*velocity*) を $v = v(t)$ m/s とする．重力加速度を $g = 9.8$ m/s^2 として，次の各問に答えよ．

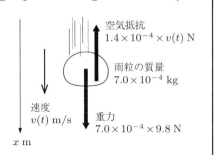

図 5.1　雨粒にはたらく力

(1)　v が満たす運動方程式 (*Newton's equation of motion*) を書け．
(2)　v を求めよ．

解答 Solution (1) 雨粒の加速度が $\dfrac{dv}{dt}$ m/s^2 と書けること，そして，雨粒にはたらく力は重力と空気抵抗であることに注意して，ニュートンの運動方程式 (質量) × (加速度) = (力) (1.2 節 例 2 を参照) を書き下すと，

$$7.0 \times 10^{-4} \times \frac{dv}{dt} = 7.0 \times 10^{-4} \times 9.8 - 1.4 \times 10^{-4} \times v. \quad \cdots \text{(答)}$$

(2) (1) の微分方程式を整理すると，次のような 1 階線形微分方程式になる．

$$\frac{dv}{dt} + 0.20 \times v = 9.8. \quad \cdots (*)$$

定数 0.20 の原始関数の 1 つは $F(t) = 0.20 t$ なので，準備 4.2.1 より，

$$(*) \iff e^{-0.20 t} \frac{d}{dt}\left(e^{0.20 t} v\right) = 9.8$$

$$\iff \frac{d}{dt}\left(e^{0.20 t} v\right) = 9.8 e^{0.20 t}$$

$$\iff e^{0.20 t} v = \int 9.8 e^{0.20 t}\, dt$$

$$\Longleftrightarrow \quad e^{0.20t}v = 49e^{0.20t} + C \quad (C は積分定数).$$

したがって,

$$v = 49 + Ce^{-0.20t}$$

となる. 初期条件より, $t=0$ のとき $v=0$ なので, 上式に $t=0$ を代入して,

$$0 = 49 + C \times 1 \quad (\because \ e^0 = 1)$$

となる. これから $C = -49$ を得る. ゆえに,

$$v = 49 - 49e^{-0.20t} \text{ m/s}. \quad \cdots (答)$$

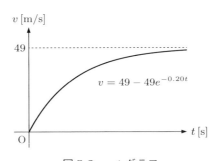

図 5.2　v-t グラフ

練習問題 5.3 (Exercise 5.3)

問 1　質量 m kg の雨粒が初速度 0 m/s で大気中を落下している. この雨粒には, 速度に比例する空気抵抗 (比例定数は k N・s/m とする) がはたらく. 雨粒の落下方向に x 軸を設定し, 時刻 t s における雨粒の速度 (*velocity*) を $v = v(t)$ m/s とする. 重力加速度を g m/s^2 として, 次の各問に答えよ.

(1) 速度 v が満たす運動方程式 (*Newton's equation of motion*) を書け.
(2) v を求めよ.

第 6 章

定数係数 2 階線形微分方程式・準備

PRELIMINARIES

　未知関数の 2 回微分が含まれる微分方程式の解法を学ぶ. 一般的な 2 階の微分方程式を解くことは難しいので, ここでは主に定数係数で線形性のあるものを取り扱う.

6.1　2 階線形微分方程式 (Linear Diff. Eq. of 2nd Order)

　力学や電気回路などの理論では, 次のような形の微分方程式がよく登場する.

> **定義 6.1.1 (2 階線形微分方程式 Linear Diff. Eq. of 2nd Order)**
>
> $$\frac{d^2y}{dx^2} + P(x)\frac{dy}{dx} + Q(x)y = R(x)$$
>
> のように, $\frac{d^2y}{dx^2}$ と $\frac{dy}{dx}$, y の 1 次単項式の和が, 変数 x のみの関数 $R(x)$ と等しくなっているとき, この微分方程式を **2 階線形微分方程式** (*linear differential equation of 2nd order*) という.

Remark. 2 階 (*2nd order*) という言葉は, 2 回微分 $\frac{d^2y}{dx^2}$ が方程式に含まれていることを意味する.

Remark. 線形 (*linear*) という言葉は, 定義 6.1.1 の方程式の左辺に現れている計算が線形写像の性質をもつことを意味している. つまり, 次の 2 つの性質をもつことに由来している.

46 第6章 定数係数2階線形微分方程式・準備

① すべての定数 C に対して,

$$\frac{d^2(Cy)}{dx^2} + P(x)\frac{d(Cy)}{dx} + Q(x)(Cy) = C\left(\frac{d^2y}{dx^2} + P(x)\frac{dy}{dx} + Q(x)y\right)$$

が成り立つ. (定数を外に出すことができる.)

② 2つの関数 $y_1 = y_1(x)$ と $y_2 = y_2(x)$ に対して,

$$\frac{d^2(y_1 + y_2)}{dx^2} + P(x)\frac{d(y_1 + y_2)}{dx} + Q(x)(y_1 + y_2)$$

$$= \left(\frac{d^2y_1}{dx^2} + P(x)\frac{dy_1}{dx} + Q(x)y_1\right) + \left(\frac{d^2y_2}{dx^2} + P(x)\frac{dy_2}{dx} + Q(x)y_2\right)$$

が成り立つ. (各々の関数に分けて計算できる.)

本書では, 2階線形微分方程式の中でも, 特に

$$\frac{d^2y}{dx^2} + k\frac{dy}{dx} + \ell y = R(x)$$

のように, 左辺にある係数が定数になっているものを取り扱う. これを**定数係数2階線形微分方程式** (*linear differential equation of 2nd order with constant coefficient*) という. ここまで微分方程式を特殊化してもその応用範囲は広く, 力学や電気回路の理論でよく登場する. 以降では, この微分方程式を解くための準備を整えていく.

6.2 準備その1・オイラーの公式 (Preliminary 1・Euler's Formula)

最初の準備は, オイラーの公式と呼ばれるもので, 指数関数の指数部分が虚数になったときにどのように書き換えるべきか教えてくれるものである. 数学を学ぶ人のほとんどが指数関数と三角関数との結びつきに魅了される.

> **定義 6.2.1 (オイラーの公式 Euler's Formula)**
>
> $i = \sqrt{-1}$ (虚数単位) とする. このとき,
>
> $$e^{i\theta} = \cos\theta + i\sin\theta$$
>
> と取り決める.

6.2 準備その 1・オイラーの公式 **47**

定義 6.2.1 の $e^{i\theta}$ という表記がどうして妥当なものなのか以下で説明しよう.
ただし, この説明では虚数単位 i を単なる定数だと思って, 高校数学で学んだ微
分積分の計算手法をあてがうことにする.

【説明 (**Explanation**)】 (右辺) を変数 θ で微分すると,

$$\frac{d(\cos\theta + i\sin\theta)}{d\theta} = \frac{d\cos\theta}{d\theta} + i\frac{d\sin\theta}{d\theta}$$

$$= -\sin\theta + i\cos\theta$$

$$= i^2\sin\theta + i\cos\theta$$

$$= i(\cos\theta + i\sin\theta) \quad \cdots (*)$$

となる. ここで, $y(\theta) = \cos\theta + i\sin\theta$ とおくと, 関係式 $(*)$ から,

$$(*) \iff \frac{dy}{d\theta} = iy$$

$$\iff \frac{dy}{d\theta} + (-i)y = 0$$

となる. 第 5 章で紹介した方法でこの微分方程式を解く. 虚数単位 i を単なる
定数と思うことにする. $F(\theta) = -i\theta$ は $-i$ の原始関数だから, 準備 4.2.1 より,

$$(*) \iff e^{-(-i\theta)}\frac{d}{d\theta}\left(e^{-i\theta}y\right) = 0$$

$$\iff \frac{d}{d\theta}\left(e^{-i\theta}y\right) = 0$$

$$\iff e^{-i\theta}y = C \qquad (C \text{ は積分定数})$$

$$\iff y = Ce^{i\theta}$$

となる. いま, $\theta = 0$ のとき, $y(0) = \cos 0 + i\sin 0 = 1$ であることに注意.
$\theta = 0$ を上式の両辺に代入すると,

$$1 = C \times 1 \qquad (\because e^0 = 1)$$

となるので, $C = 1$ となる. したがって, $y(\theta) = e^{i\theta}$ となる. $y(\theta) = \cos\theta + i\sin\theta$
であったから, $e^{i\theta} = \cos\theta + i\sin\theta$ となる.

例題を解いて, オイラーの公式に慣れよう.

48   第 6 章　定数係数 2 階線形微分方程式・準備

---- 例題 (Example) ----

　次の各問に答えよ.

(1)　$e^{\frac{\pi}{3}i}$ の値を答えよ.

(2)　$\dfrac{1}{\sqrt{2}} - \dfrac{1}{\sqrt{2}}i$ を $e^{i\theta}$ (ただし, $-\pi < \theta \leq \pi$ とする) の形で表現せよ.

解答 Solution (1) オイラーの公式 (定理 6.2.1) より,

$$e^{\frac{\pi}{3}i} = \cos\frac{\pi}{3} + i\sin\frac{\pi}{3} = \frac{1}{2} + \frac{\sqrt{3}}{2}i \quad \cdots (答)$$

(2) $\cos\theta = \dfrac{1}{\sqrt{2}}, \sin\theta = -\dfrac{1}{\sqrt{2}}$ (符号に注意) となる角度 θ は, $-\pi < \theta \leq \pi$ の範囲で, $\theta = -\dfrac{\pi}{4}$ である. したがって,

$$\frac{1}{\sqrt{2}} - \frac{1}{\sqrt{2}} = \cos\left(-\frac{\pi}{4}\right) + i\sin\left(-\frac{\pi}{4}\right) = e^{-\frac{\pi}{4}i} \quad \cdots (答)$$

　指数法則にもとづくと「e の複素数 $a + bi$ 乗」を次のように取り決めることが自然である.

定義 6.2.2 (e の複素数乗 Complex Exponent)

　複素数 $a + bi$ に対して,

$$e^{a+bi} = e^a e^{bi}$$
$$= e^a(\cos b + i\sin b)$$

と取り決める.

Remark. 定義 6.2.2 から,

$$e^{a+bi} = e^a \cos b + ie^a \sin b$$

と書くこともできる.

Remark. 複素数 $z = a + bi$ と $w = c + di$ に対して, e^z と e^w を定義 6.2.2 のように取り決めると, 指数が複素数になっても,

$$e^{z+w} = e^z e^w, \quad e^{-z} = \frac{1}{e^z}$$

が成り立つ (証明はしない). これらは高校数学で学んだ指数法則と似ている.

6.2 準備その1・オイラーの公式　　49

Remark. 複素数の定数 $\alpha = a + bi$ と実数の値をとる変数 x に対して，

$$\frac{de^{\alpha x}}{dx} = \alpha e^{\alpha x}, \quad \int e^{\alpha x}\,dx = \frac{1}{\alpha}e^{\alpha x} + C \ (\text{ただし，} C \text{ は定数})$$

が成り立つ (証明はしない)．これらは高校数学で学んだ公式と似ている．

── 例題 (Example) ──

次の各問に答えよ．

(1) $e^{2 + \frac{\pi}{4}i}$ の値を $a + bi$ の形で表せ．

(2) x は実数の値を取る変数とする．このとき，$\dfrac{de^{(3-2i)x}}{dx}$ を求めよ．

(3) x は実数の値を取る変数とする．このとき，$\displaystyle\int e^{(2+i)x}\,dx$ を求めよ．

解答 Solution (1) 定義 6.2.2 より，

$$\begin{aligned}
e^{2+\frac{\pi}{4}i} &= e^2 e^{\frac{\pi}{4}i} \\
&= e^2\left(\cos\frac{\pi}{4} + i\sin\frac{\pi}{4}\right) \quad (\leftarrow \text{定義 6.2.1 を利用}) \\
&= e^2\left(\frac{1}{\sqrt{2}} + \frac{1}{\sqrt{2}}i\right) \\
&= \frac{e^2}{\sqrt{2}} + \frac{e^2}{\sqrt{2}}i \quad \cdots (\text{答})
\end{aligned}$$

(2) $\dfrac{de^{(3-2i)x}}{dx} = (3-2i)e^{(3-2i)x} \quad \cdots (\text{答})$

(3) $\displaystyle\int e^{(2+i)x}\,dx = \frac{1}{2+i}e^{(2+i)x} + C \ (\text{ただし，} C \text{ は定数}) \quad \cdots (\text{答})$

練習問題 6.2 (Exercise 6.2)

問 1 オイラーの公式 (定義 6.2.1) を用いて，次の複素数の値を答えよ．

(1) $e^{\frac{3\pi}{4}i}$ 　　　　(2) $e^{\pi i}$ 　　　　(3) $e^{-2\pi i}$

(4) $e^{-\frac{\pi}{6}i}$ 　　　　(5) $e^{-\frac{\pi}{2}i}$ 　　　　(6) $e^{\frac{2\pi}{3}i}$

問 2 次の複素数を $e^{i\theta}$ の形で表現せよ．ただし，$-\pi < \theta \leq \pi$ とする．

(1) $\dfrac{1}{\sqrt{2}} + \dfrac{1}{\sqrt{2}}i$ 　　(2) $\dfrac{1}{2} - \dfrac{\sqrt{3}}{2}i$ 　　(3) $-\dfrac{\sqrt{3}}{2} + \dfrac{1}{2}i$

50 第 6 章 定数係数 2 階線形微分方程式・準備

問 3 次の複素数を $a + bi$ の形で表せ.

(1) $e^{3 + \frac{\pi}{6}i}$　(2) $e^{2 - \frac{\pi}{3}i}$　(3) $e^{(1-2i)x}$ (ただし, x は実数)

問 4 x は実数の値をとる変数とする. このとき, 次の計算をせよ.

(1) $\dfrac{de^{(2-i)x}}{dx}$　(2) $\dfrac{de^{ix}}{dx}$　(3) $\displaystyle\int e^{(3+2i)x}\,dx$　(4) $\displaystyle\int e^{(-1-2i)x}\,dx$

6.3　準備その 2・微分作用素の因数分解 (Preliminary 2・Factorization of Differential Operators)

以降では, 微分を含む表記 $\dfrac{d^2 y}{dx^2} - 3\dfrac{dy}{dx} + 2y$ を

$$\left(\dfrac{d^2}{dx^2} - 3\dfrac{d}{dx} + 2 \right) y$$

のように微分記号や定数倍だけを抜き出して書くことがある. また, 微分を含む計算 $\dfrac{dy}{dx} - 2y$ を

$$\left(\dfrac{d}{dx} - 2 \right) y$$

と書くことがある. このとき, 関数 $y = y(x)$ の左にかかっている

$$\dfrac{d^2}{dx^2} - 3\dfrac{d}{dx} + 2 \quad , \quad \dfrac{d}{dx} - 2$$

を **微分作用素** または **微分演算子** (*differential operator*) という.

Remark. 微分作用素の書き方に注意が必要である. $y\left(\dfrac{d^2}{dx^2} - 3\dfrac{d}{dx} + 2 \right)$ や $y\left(\dfrac{d}{dx} - 2 \right)$ のように関数 y を左側に書いてしまう人がいる. しかし, これは間違いである. 数学の習慣では, 微分作用素を関数の左に書くことになっている.

次の定理で紹介する微分作用素の因数分解は, 定数係数 2 階線形微分方程式を解くときによく利用する.

定理 6.3.1 (微分作用素の因数分解 **Factorization of Diff. Op.**)

2 次方程式 $\lambda^2 + k\lambda + \ell = 0$ の解を α, β とする. このとき,

$$\left(\dfrac{d^2}{dx^2} + k\dfrac{d}{dx} + \ell \right) y = \left(\dfrac{d}{dx} - \alpha \right)\left(\dfrac{d}{dx} - \beta \right) y \quad \cdots (*1)$$

$$= e^{\alpha x} \frac{d}{dx} e^{-\alpha x} \times e^{\beta x} \frac{d}{dx} e^{-\beta x} y \quad \cdots (*2)$$

と書き換えることができる.

Remark. 定理 6.3.1 の (*1) は, 2 次式の因数分解とよく似ている. 2 次方程式 $\lambda^2 + k\lambda + \ell = 0$ の解を α, β とすると, 高校数学で学んだように,

$$\lambda^2 + k\lambda + \ell = (\lambda - \alpha)(\lambda - \beta)$$

となる (符号に注意). (*1) の式変形は, λ に微分記号 $\dfrac{d}{dx}$ を当てはめた格好になっている. $\lambda^2 + k\lambda + \ell = 0$ を微分作用素 $\dfrac{d^2}{dx^2} + k\dfrac{d}{dx} + \ell$ の**特性方程式** (*characteristic equation*) という.

Remark. 定理 6.3.1 の (*2) で, $e^{\alpha x} \dfrac{d}{dx} e^{-\alpha x} \times e^{\beta x} \dfrac{d}{dx} e^{-\beta x} y$ の計算手順に注意が必要である. この記号の意味を括弧を用いて丁寧に書くと,

$$e^{\alpha x} \frac{d}{dx} \left\{ e^{-\alpha x} \times e^{\beta x} \frac{d}{dx} (e^{-\beta x} y) \right\}$$

である.

【**定理 6.3.1 の証明 (Proof of Theorem 6.3.1)**】 (*1) の右辺が左辺と等しくなることを示す. $\left(\dfrac{d}{dx} - \beta \right) y = \dfrac{dy}{dx} - \beta y$ であることに注意して,

$$((*1) \text{ の右辺}) = \left(\frac{d}{dx} - \alpha \right) \left(\frac{dy}{dx} - \beta y \right)$$

$$= \frac{d}{dx} \left(\frac{dy}{dx} - \beta y \right) - \alpha \left(\frac{dy}{dx} - \beta y \right)$$

$$= \frac{d^2 y}{dx^2} - \beta \frac{dy}{dx} - \alpha \frac{dy}{dx} + \alpha\beta y$$

$$= \frac{d^2 y}{dx^2} - (\alpha + \beta) \frac{dy}{dx} + \alpha\beta y.$$

ここで, 2 次方程式の「解と係数の関係」より, $\alpha + \beta = -k$, $\alpha\beta = \ell$ なので,

$$= \frac{d^2 y}{dx^2} + k \frac{dy}{dx} + \ell y$$

$$= ((*1) \text{ の左辺})$$

52　第6章　定数係数2階線形微分方程式・準備

となる. 次に, 準備 4.2.1 を思い出すと,

$$\left(\frac{d}{dx} - \beta\right) y = \frac{dy}{dx} + (-\beta)y$$

$$= e^{-(-\beta x)} \frac{d}{dx} \left(e^{-\beta x} y\right)$$

$$= e^{\beta x} \frac{d}{dx} \left(e^{-\beta x} y\right)$$

となる ($-\beta$ の原始関数は $F(x) = -\beta x$ であることに注意). そして, $u = \left(\frac{d}{dx} - \beta\right) y$ とおくと, 上と同様にして,

$$\left(\frac{d}{dx} - \alpha\right) u = e^{\alpha x} \frac{d}{dx} \{e^{-\alpha x} u\}$$

となる. ゆえに,

$$((*1) \text{ の左辺}) = e^{\alpha x} \frac{d}{dx} \left\{ e^{-\alpha x} \times e^{\beta x} \frac{d}{dx} \left(e^{-\beta x} y\right) \right\}$$

$$= (*2)$$

例題を解いて, 微分作用素の因数分解の方法を理解しよう.

── 例題 (Example) ──

$\dfrac{d^2 y}{dx^2} - 2\dfrac{dy}{dx} + 5y$ に関する次の各問に答えよ.

(1)　2 次方程式 $\lambda^2 - 2\lambda + 5 = 0$ を解け.

(2)　微分作用素の因数分解を利用して, $\dfrac{d^2 y}{dx^2} - 2\dfrac{dy}{dx} + 5y$ を書き換えよ.

(3)　次の空欄に当てはまる数式を答えよ.

$$\frac{d^2 y}{dx^2} - 2\frac{dy}{dx} + 5y = e^{\boxed{\text{(a)}}} \frac{d}{dx} e^{\boxed{\text{(b)}}} e^{\boxed{\text{(c)}}} \frac{d}{dx} e^{\boxed{\text{(d)}}} y$$

解答 Solution　(1) 2 次方程式の解の公式より,

$$\lambda = \frac{-(-2) \pm \sqrt{(-2)^2 - 4 \times 1 \times 5}}{2 \times 1} = \frac{2 \pm \sqrt{-16}}{2}$$

$$= 1 \pm 2i \quad \cdots (\text{答})$$

6.3 準備その2・微分作用素の因数分解　53

(2) 定理 6.3.1 (*1) より，

$$\frac{d^2y}{dx^2} - 2\frac{dy}{dx} + 5y = \left(\frac{d}{dx} - (1+2i)\right)\left(\frac{d}{dx} - (1-2i)\right)y \quad \cdots(答)$$

あるいは，

$$\frac{d^2y}{dx^2} - 2\frac{dy}{dx} + 5y = \left(\frac{d}{dx} - (1-2i)\right)\left(\frac{d}{dx} - (1+2i)\right)y \quad \cdots(答)$$

のどちらを答えにしてもよい．

(3) 定理 6.3.1 (*2) より，

$$\frac{d^2y}{dx^2} - 2\frac{dy}{dx} + 5y = e^{(1+2i)x}\frac{d}{dx}e^{-(1+2i)x}\ e^{(1-2i)x}\frac{d}{dx}e^{-(1-2i)x}y$$

となる．したがって，

(a) $(1+2i)x$　　(b) $-(1+2i)x$　　(c) $(1-2i)x$　　(d) $-(1-2i)x$　　$\cdots$(答)

あるいは，

(a) $(1-2i)x$　　(b) $-(1-2i)x$　　(c) $(1+2i)x$　　(d) $-(1+2i)x$　　$\cdots$(答)

練習問題 6.3 (Exercise 6.3)

問 1　次の計算をして，結果を y, $\dfrac{dy}{dx}$, $\dfrac{d^2y}{dx^2}$ を用いて書け．

(1) $\left(\dfrac{d}{dx} - 1\right)\left(\dfrac{d}{dx} - 2\right)y$　　　　(2) $\left(\dfrac{d}{dx} + 3\right)\left(\dfrac{d}{dx} - 3\right)y$

(3) $e^{2x}\dfrac{d}{dx}\left\{e^{-2x}e^{x}\dfrac{d}{dx}(e^{-x}y)\right\}$

問 2　次の数式について，微分作用素を因数分解せよ．

(1) $\dfrac{d^2y}{dx^2} + \dfrac{dy}{dx} - 6y$　　　(2) $\dfrac{d^2y}{dx^2} + 4\dfrac{dy}{dx} + 4y$　　　(3) $\dfrac{d^2y}{dx^2} + y$

問 3　次の等式が成り立つように，空欄に数式を当てはめよ．

(1) $\dfrac{d^2y}{dx^2} + \dfrac{dy}{dx} - 6y = e^{\boxed{(a)}}\dfrac{d}{dx}e^{\boxed{(b)}}e^{\boxed{(c)}}\dfrac{d}{dx}e^{\boxed{(d)}}y$

(2) $\dfrac{d^2y}{dx^2} + 6\dfrac{dy}{dx} + 9y = e^{\boxed{(a)}}\dfrac{d}{dx}e^{\boxed{(b)}}e^{\boxed{(c)}}\dfrac{d}{dx}e^{\boxed{(d)}}y$

(3) $\dfrac{d^2y}{dx^2} + 2\dfrac{dy}{dx} + 5y = e^{\boxed{(a)}}\dfrac{d}{dx}e^{\boxed{(b)}}e^{\boxed{(c)}}\dfrac{d}{dx}e^{\boxed{(d)}}y$

第 7 章
定数係数 2 階線形微分方程式 (斉次形)

HOMOGENEOUS LINEAR DIFF. EQ. OF 2ND ORDER

前章で学んだ「オイラーの公式」と「微分作用素の因数分解」を利用して，

$$\frac{d^2y}{dx^2} + k\frac{dy}{dx} + \ell y = 0$$

のような形をした微分方程式を解く. 上の方程式のように, 微分作用素を適用した結果が 0 になるものを**斉次形** (*homogeneous type*) という.

7.1 解法 (Method of the Solution)

例題を通して定数係数 2 階線形微分方程式の解法を身につけよう. 実は, 特性方程式 $\lambda^2 + k\lambda + \ell = 0$ の解の種類 (異なる実数解, 重解, 虚数解) に応じて, 解の素性が異なってくる.

--- **例題 (Example)** ---

次の微分方程式をそれぞれ解け.

(1) $\dfrac{d^2y}{dx^2} + \dfrac{dy}{dx} - 6y = 0$ (2) $\dfrac{d^2y}{dx^2} - 4\dfrac{dy}{dx} + 4y = 0$

(3) $\dfrac{d^2y}{dx^2} + 4\dfrac{dy}{dx} + 13y = 0$

解答 Solution (1) まず, 与えられた微分方程式を

$$\left(\frac{d^2}{dx^2} + \frac{d}{dx} - 6\right)y = 0$$

と書く. 微分作用素の因数分解 (定理 6.3.1) より,

$$\left(\frac{d}{dx}+3\right)\left(\frac{d}{dx}-2\right)y = 0 \iff e^{-3x}\frac{d}{dx}\left\{e^{3x}e^{2x}\frac{d}{dx}(e^{-2x}y)\right\} = 0$$

ここから等式変形を繰り返す.

$$\frac{d}{dx}\left\{e^{5x}\frac{d}{dx}(e^{-2x}y)\right\} = 0 \qquad (\leftarrow \div e^{-3x},\ e^{3x}e^{2x} = e^{5x})$$

これは $\{\cdots\}$ の部分が定数であることを意味するので,

$$e^{5x}\frac{d}{dx}(e^{-2x}y) = C_1 \qquad (C_1\ は積分定数)$$

$$\iff \quad \frac{d}{dx}(e^{-2x}y) = C_1 e^{-5x} \qquad (\leftarrow \div e^{5x})$$

$$\iff \quad e^{-2x}y = \int C_1 e^{-5x}dx$$

$$\iff \quad e^{-2x}y = \frac{C_1}{-5}e^{-5x} + C_2 \qquad (\leftarrow \int e^{\alpha x}dx = \frac{1}{\alpha}e^{\alpha x} + C)$$

$$\iff \quad y = \frac{C_1}{-5}e^{-3x} + C_2 e^{2x} \qquad (\leftarrow \div e^{-2x})$$

$\dfrac{C_1}{-5}$ は定数であることに変わりないので, これを $C_1{}'$ と置き換えると,

$$y = C_1{}'e^{-3x} + C_2 e^{2x}. \quad \cdots(答)$$

(2) まず, 与えられた微分方程式を

$$\left(\frac{d^2}{dx^2} - 4\frac{d}{dx} + 4\right)y = 0 \quad \cdots(*)$$

と書く. 微分作用素の因数分解 (定理 6.3.1) より,

$$(*) \iff \left(\frac{d}{dx}-2\right)\left(\frac{d}{dx}-2\right)y = 0$$

$$\iff e^{2x}\frac{d}{dx}\left\{e^{-2x}e^{2x}\frac{d}{dx}(e^{-2x}y)\right\} = 0.$$

ここから等式変形を繰り返す.

$$(*) \iff \frac{d}{dx}\left\{\frac{d}{dx}(e^{-2x}y)\right\} = 0 \qquad (\leftarrow \div e^{2x})$$

56　第7章　定数係数2階線形微分方程式 (斉次形)

これは $\{\cdots\}$ の部分が定数であることを意味するので,

$$(*) \iff \frac{d}{dx}(e^{-2x}y) = C_1 \qquad (C_1 \text{ は積分定数})$$

$$\iff e^{-2x}y = \int C_1 dx$$

$$\iff e^{-2x}y = C_1 x + C_2 \qquad (C_2 \text{ は積分定数})$$

$$\iff y = C_1 x e^{2x} + C_2 e^{2x}. \quad \cdots (\text{答})$$

(3) まず, 与えられた微分方程式を

$$\left(\frac{d^2}{dx^2} + 4\frac{d}{dx} + 13 \right) y = 0 \quad \cdots (**)$$

と書く. 左辺の微分作用素の因数分解は容易ではないので, 形式的に $\dfrac{d}{dx}$ を文字 λ に置き換えた特性方程式

$$\lambda^2 + 4\lambda + 13 = 0$$

を解く. 解の公式より,

$$\lambda = \frac{-4 \pm \sqrt{4^2 - 4 \times 1 \times 13}}{2 \times 1} = -2 \pm \sqrt{-9}$$

$$= -2 \pm 3i$$

となるので, 微分作用素の因数分解 (定理 6.3.1) より,

$$(**) \iff \left\{ \frac{d}{dx} - (-2 + 3i) \right\} \left\{ \frac{d}{dx} - (-2 - 3i) \right\} y = 0$$

$$\iff \left\{ \frac{d}{dx} + (2 - 3i) \right\} \left\{ \frac{d}{dx} + (2 + 3i) \right\} y = 0$$

$$\iff e^{-(2-3i)x} \frac{d}{dx} \left\{ e^{(2-3i)x} e^{-(2+3i)x} \frac{d}{dx} (e^{(2+3i)x}y) \right\} = 0.$$

ここから等式変形を繰り返す. 両辺を $e^{-(2-3i)x}$ で割り, 指数法則 $e^{(2-3i)x}e^{-(2+3i)x}$ $= e^{(2-3i)x-(2+3i)x}$ を適用すると,

$$(**) \iff \frac{d}{dx} \left\{ e^{-6ix} \frac{d}{dx} (e^{(2+3i)x}y) \right\} = 0.$$

これは $\{\cdots\}$ の部分が定数であることを意味するので,

$$(**) \iff e^{-6ix}\frac{d}{dx}(e^{(2+3i)x}y) = C_1 \qquad (C_1 \text{ は積分定数})$$

$$\iff \frac{d}{dx}e^{(2+3i)x}y = C_1 e^{6ix} \qquad (\div e^{-6ix})$$

$$\iff e^{(2+3i)x}y = \int C_1 e^{6ix}dx$$

$$\iff e^{(2+3i)x}y = \frac{C_1}{6i}e^{6ix} + C_2 \qquad (C_2 \text{ は積分定数})$$

$$\iff y = \frac{C_1}{6i}e^{(-2+3i)x} + C_2 e^{(-2-3i)x}. \qquad (\div e^{(2+3i)x})$$

ここで, $\dfrac{C_1}{6i}$ は定数であることに変わりないので, これを $C_1{}'$ とおく. 指数法則とオイラーの公式 (定義 6.2.1) より,

$$e^{(-2\pm3i)x} = e^{-2x}e^{\pm3xi}$$

$$= e^{-2x}(\cos 3x \pm i\sin 3x)$$

であるから,

$$(**) \iff y = C_1{}'e^{-2x}(\cos 3x + i\sin 3x) + C_2 e^{-2x}(\cos 3x - i\sin 3x)$$

$$\iff y = (C_1{}' + C_2)e^{-2x}\cos 3x + i(C_1{}' - C_2)e^{-2x}\sin 3x$$

となる. ここで, $C_1{}' + C_2$ や $i(C_1{}' - C_2)$ は定数なので, これらを文字 D_1, D_2 でそれぞれ表すと,

$$y = D_1 e^{-2x}\cos 3x + D_2 e^{-2x}\sin 3x. \quad \cdots (\text{答})$$

　ここで, 定数係数 2 階線形微分方程式の解について, 特性方程式の解の性質との関わりをまとめておくので, 覚えられるようなら, 解法で利用してもよい.

58 第 7 章 定数係数 2 階線形微分方程式 (斉次形)

まとめ 7.1.1 (Summary：特性方程式の解と定数係数 2 階線形微分方程式の解)

微分方程式 $\dfrac{d^2y}{dx^2} + k\dfrac{dy}{dx} + \ell y = 0$ $(k, \ell$ は実数) について,

① 特性方程式が異なる 2 つの実数解 p, q をもつとき,

$$y = C_1 e^{px} + C_2 e^{qx}$$

② 特性方程式が重解 p をもつとき,

$$y = C_1 e^{px} + C_2 x e^{px}$$

③ 特性方程式が虚数解 $a \pm bi$ をもつとき,

$$y = C_1 e^{ax} \cos bx + C_2 e^{ax} \sin bx$$

練習問題 7.1 (Exercise 7.1)

問 1 次の微分方程式を解け.

(1) $\dfrac{d^2y}{dx^2} - 3\dfrac{dy}{dx} + 2y = 0$ (2) $\dfrac{d^2y}{dx^2} + 2\dfrac{dy}{dx} + y = 0$

(3) $\dfrac{d^2y}{dx^2} - 2\dfrac{dy}{dx} + 2y = 0$

問 2 次の微分方程式の初期値問題を解け.

(1) $\dfrac{d^2y}{dx^2} - 5\dfrac{dy}{dx} + 4y = 0,\ y(0) = 2,\ y'(0) = 5$

(2) $\dfrac{d^2y}{dx^2} - 4\dfrac{dy}{dx} + 4y = 0,\ y(0) = 1,\ y'(0) = 1$

(3) $\dfrac{d^2y}{dx^2} - 4\dfrac{dy}{dx} + 5y = 0,\ y(0) = 0,\ y'(0) = 1$

7.2 力学への応用 (Application to Physics)

微分方程式の解法を早く習得したい人は, この節を飛ばしてもよい. 2 階線形微分方程式は物理の力学や電気回路の理論でよく用いられる. 高校物理では複雑な公式をたくさん覚えて問題を解いていたが, 微分方程式が解けるようになると, 高校物理の公式を忘れても問題を解くことができるようになる.

例題 (Example)

右図のように，バネ (バネ定数 $1.0\,\mathrm{N/m}$) に質量 $0.010\,\mathrm{kg}$ の物体を取り付けて，バネの自然長から $0.050\,\mathrm{m}$ だけ引っ張って初速度 $0\,\mathrm{m/s}$ で物体から手を離す．物体から手を離した時刻を $t=0\,\mathrm{s}$ とする．この物体の運動は x 軸上で行われるものとして，時刻 $t\,\mathrm{s}$ における物体の位置を $x(t)\,\mathrm{m}$ とする．床面と物体の間には摩擦がはたらかないものとして，次の各問に答えよ．

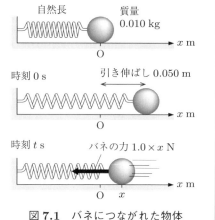

図 **7.1** バネにつながれた物体

(1) この物体について，運動方程式を書け．
(2) 初期条件 $x(0) = 0.050$, $x'(0) = 0$ に注意して，(1) の微分方程式を解け．

解答 Solution (1) 物体の質量は $0.010\,\mathrm{kg}$, 加速度は $\dfrac{d^2x}{dt^2}\,\mathrm{m/s^2}$ で，物体が $x\,\mathrm{m}$ の位置にいるときにはたらくバネの力は $-1.0x\,\mathrm{N}$ である (力の向きに注意)．したがって，ニュートンの運動方程式 (1.2 節 例 2 参照) より，

$$0.010\frac{d^2x}{dt^2} = -1.0x \quad \cdots (答)$$

(2) (1) の結果を整理すると，

$$\frac{d^2x}{dt^2} + 100x = 0 \iff \left(\frac{d^2}{dt^2} + 100\right)x = 0$$

となる．この微分方程式の特性方程式 (微分 $\dfrac{d}{dt}$ を形式的に文字 λ に置き換えたもの) は，

$$\lambda^2 + 100 = 0$$

60 第 7 章 定数係数 2 階線形微分方程式 (斉次形)

で, これを解くと $\lambda = \pm 10i$ を得る. 微分作用素の因数分解 (定理 6.3.1) より,

$$\left(\frac{d}{dt} - 10i\right)\left(\frac{d}{dt} - (-10i)\right)x = 0$$

$$\Longleftrightarrow \quad \left(\frac{d}{dt} + (-10i)\right)\left(\frac{d}{dt} + 10i\right)x = 0$$

$$\Longleftrightarrow \quad e^{10it}\frac{d}{dt}\left\{e^{-10it}e^{-10it}\frac{d}{dt}(e^{10it}x)\right\} = 0$$

$$\Longleftrightarrow \quad \frac{d}{dt}\left\{e^{-20it}\frac{d}{dt}(e^{10it}x)\right\} = 0$$

となる. これは, $\{\cdots\}$ の部分が定数であることを意味するので,

$$e^{-20it}\frac{d}{dt}(e^{10it}x) = C_1 \quad \Longleftrightarrow \quad \frac{d}{dt}(e^{10it}x) = C_1 e^{20it}$$

となる. これは, $(\cdots)$ の部分が $C_1 e^{20it}$ の原始関数であることを意味するので,

$$e^{10it}x = \int C_1 e^{20it}\, dt$$

$$\Longleftrightarrow \quad e^{10it}x = \frac{C_1}{20i}e^{20it} + C_2 \quad (\leftarrow C_2 \text{ は定数})$$

$$\Longleftrightarrow \quad x = C_1{}'e^{10it} + C_2 e^{-10it} \quad (\leftarrow C_1{}' = C_1/(10i) \text{ とおく})$$

ここで, オイラーの公式 (定義 6.2.1) より,

$$e^{\pm 10it} = \cos 10t \pm i\sin 10t$$

であるから,

$$x = C_1{}'(\cos 10t + i\sin 10t) + C_2(\cos 10t - i\sin 10t)$$

$$\Longleftrightarrow \quad x = (C_1{}' + C_2)\cos 10t + i(C_1{}' - C_2)\sin 10t$$

を得る. $C_1{}' + C_2 = D_1$, $i(C_1{}' - C_2) = D_2$ とおくと,

$$x = D_1 \cos 10t + D_2 \sin 10t$$

初期条件 $x(0) = 0.050$ より,

$$0.050 = D_1$$

そして, $x' = -10D_1 \sin 10t + 10D_2 \cos 10t$ に注意して, 初期条件 $x'(0) = 0$ より,

$$0 = 10D_2$$

7.2 力学への応用

となる．これから $D_1 = 0.050$, $D_2 = 0$ となるので，

$$x = 0.050 \cos 10t. \quad \cdots (\text{答})$$

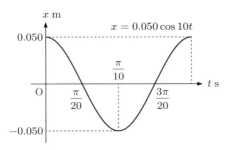

図 **7.2** 物体の運動の x-t グラフ

【別解 (Another Solution)】微分方程式 $\dfrac{d^2x}{dt^2} + 100x = 0$ の特性方程式 $\lambda^2 + 100 = 0$ の解は複素数 $\lambda = \pm 10i$ になる．したがって，まとめ 7.1.1 より，一般解は

$$x = C_1 \cos 10t + C_2 \sin 10t$$

となる．$x' = -10C_1 \sin 10t + 10C_2 \cos 10t$ に注意して，初期条件より，

$$\begin{cases} C_1 = 0.050 \\ 10C_2 = 0 \end{cases} \iff \begin{cases} C_1 = 0.050 \\ C_2 = 0 \end{cases}$$

なので，

$$x = 0.050 \cos 10t. \quad \cdots (\text{答})$$

練習問題 7.2 (Exercise 7.2)

問 1 右図のように,バネ (バネ定数 $k\,\mathrm{N/m}$) に質量 $m\,\mathrm{kg}$ の物体を取り付けて,バネの自然長から $L\,\mathrm{m}$ だけ引っ張って初速度 $0\,\mathrm{m/s}$ で物体から手を離す.物体から手を離した時刻を $t=0\,\mathrm{s}$ とする.この物体の運動は x 軸上で行われるものとして,時刻 $t\,\mathrm{s}$ における物体の位置を $x(t)\,\mathrm{m}$ とする.床面と物体の間には摩擦がはたらかないものとして,次の各問に答えよ.

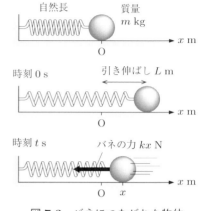

図 7.3 バネにつながれた物体

(1) この物体の運動について,運動方程式を立てよ.

(2) 初期条件 $x(0)=L,\ x'(0)=0$ に注意して,(1) の微分方程式を解け.

第 8 章

定数係数 2 階線形微分方程式 (非斉次形)

INHOMOGENEOUS LINEAR DIFF. EQ. OF 2ND ORDER

この章では,

$$\frac{d^2y}{dx^2} + k\frac{dy}{dx} + \ell y = R(x)$$

のような形をした微分方程式の解法を学ぶ. 前章の微分方程式と異なるのは, 右辺が 0 ではないところである. このように, 線形微分作用素を未知関数 y に施して, 0 以外の関数になる方程式を**非斉次形** (*inhomogeneous type*) という. 解法の手順は, 前章で学んだ方法と同じである.

8.1 定数係数 2 階線形微分方程式 (非斉次形) の解法 (Method of the Solution)

例題を通して解法を身につけよう.

例題 (Example)

次の微分方程式をそれぞれ解け.

(1) $\dfrac{d^2y}{dx^2} + \dfrac{dy}{dx} - 6y = 6$ 　　　(2) $\dfrac{d^2y}{dx^2} - 4\dfrac{dy}{dx} + 4y = e^{2x}$

(3) $\dfrac{d^2y}{dx^2} + 4\dfrac{dy}{dx} + 13y = 9e^{-2x}$

---

64   第 8 章 定数係数 2 階線形微分方程式 (非斉次形)

解答 Solution (1) まず, 与えられた微分方程式を

$$\left(\frac{d^2}{dx^2} + \frac{d}{dx} - 6 \right) y = 6 \quad \cdots (*1)$$

と書く. 微分作用素の因数分解 (定理 6.3.1) より,

$$(*1) \iff \left(\frac{d}{dx} + 3 \right) \left(\frac{d}{dx} - 2 \right) y = 6$$

$$\iff e^{-3x} \frac{d}{dx} \left\{ e^{3x} e^{2x} \frac{d}{dx} (e^{-2x} y) \right\} = 6.$$

ここから等式変形を繰り返す.

$$(*1) \iff \frac{d}{dx} \left\{ e^{5x} \frac{d}{dx} (e^{-2x} y) \right\} = 6 e^{3x} \qquad (\leftarrow \div e^{-3x},\ e^{3x} e^{2x} = e^{5x})$$

$$\iff e^{5x} \frac{d}{dx} (e^{-2x} y) = \int 6 e^{3x} \, dx$$

$$\iff e^{5x} \frac{d}{dx} (e^{-2x} y) = 2 e^{3x} + C_1 \qquad (C_1 \text{ は積分定数})$$

$$\iff \frac{d}{dx} (e^{-2x} y) = 2 e^{-2x} + C_1 e^{-5x} \qquad (\leftarrow \div e^{5x})$$

$$\iff e^{-2x} y = \int (2 e^{-2x} + C_1 e^{-5x}) \, dx$$

$$\iff e^{-2x} y = -e^{-2x} + \frac{C_1}{-5} e^{-5x} + C_2 \ (\leftarrow \int e^{\alpha x} \, dx = \frac{1}{\alpha} e^{\alpha x} + C)$$

$$\iff y = -1 + \frac{C_1}{-5} e^{-3x} + C_2 e^{2x}. \qquad (\leftarrow \div e^{-2x})$$

$\dfrac{C_1}{-5}$ は定数であることに変わりないので, これを $C_1{}'$ と置き換えると,

$$y = -1 + C_1{}' e^{-3x} + C_2 e^{2x}. \quad \cdots (答)$$

(2) まず, 与えられた微分方程式を

$$\left(\frac{d^2}{dx^2} - 4 \frac{d}{dx} + 4 \right) y = e^{2x} \quad \cdots (*2)$$

と書く. 微分作用素の因数分解 (定理 6.3.1) より,

$$(*2) \iff \left(\frac{d}{dx} - 2 \right) \left(\frac{d}{dx} - 2 \right) y = e^{2x}$$

$$\iff e^{2x} \frac{d}{dx} \left\{ e^{-2x} e^{2x} \frac{d}{dx} (e^{-2x} y) \right\} = e^{2x}.$$

8.1 定数係数2階線形微分方程式 (非斉次形) の解法　65

ここから等式変形を繰り返す.

$$(*2) \iff \frac{d}{dx}\left\{\frac{d}{dx}(e^{-2x}y)\right\} = 1 \qquad (\leftarrow \div e^{2x})$$

$$\iff \frac{d}{dx}(e^{-2x}y) = x + C_1 \qquad (C_1 \text{ は積分定数})$$

$$\iff e^{-2x}y = \int (x + C_1)\,dx$$

$$\iff e^{-2x}y = \frac{x^2}{2} + C_1 x + C_2 \qquad (C_2 \text{ は積分定数})$$

$$\iff y = \frac{x^2 e^{2x}}{2} + C_1 x e^{2x} + C_2 e^{2x}. \quad \cdots (\text{答})$$

(3) まず, 与えられた微分方程式を

$$\left(\frac{d^2}{dx^2} + 4\frac{d}{dx} + 13\right)y = 9e^{-2x} \quad \cdots (*3)$$

と書く. 左辺の微分作用素の因数分解は容易ではないので, $\dfrac{d^2}{dx^2} + 4\dfrac{d}{dx} + 13$
の特性方程式

$$\lambda^2 + 4\lambda + 13 = 0$$

を解く. 解の公式より,

$$\lambda = \frac{-4 \pm \sqrt{4^2 - 4 \times 1 \times 13}}{2 \times 1} = -2 \pm \sqrt{-9}$$

$$= -2 \pm 3i$$

となるので, 微分作用素の因数分解 (定理 6.3.1) より,

$$(*3) \iff \left\{\frac{d}{dx} - (-2+3i)\right\}\left\{\frac{d}{dx} - (-2-3i)\right\}y = 9e^{-2x}$$

$$\iff \left\{\frac{d}{dx} + (2-3i)\right\}\left\{\frac{d}{dx} + (2+3i)\right\}y = 9e^{-2x}$$

$$\iff e^{-(2-3i)x}\frac{d}{dx}\left\{e^{(2-3i)x}e^{-(2+3i)x}\frac{d}{dx}(e^{(2+3i)x}y)\right\} = 9e^{-2x}.$$

ここから等式変形を繰り返す. 両辺を $e^{-(2-3i)x}$ で割り, 指数法則 $e^{(2-3i)x}e^{-(2+3i)x}$
$= e^{(2-3i)x-(2+3i)x}$ などを利用すると,

66   第 8 章　定数係数 2 階線形微分方程式 (非斉次形)

$$(*3) \iff \frac{d}{dx}\left\{e^{-6ix}\frac{d}{dx}(e^{(2+3i)x}y)\right\} = 9e^{-3ix}$$

$$\iff e^{-6ix}\frac{d}{dx}(e^{(2+3i)x}y) = \int 9e^{-3ix}\,dx$$

$$\iff e^{-6ix}\frac{d}{dx}(e^{(2+3i)x}y) = -\frac{3}{i}e^{-3ix} + C_1 \qquad (C_1 \text{ は積分定数})$$

$$\iff \frac{d}{dx}e^{(2+3i)x}y = -\frac{3}{i}e^{3ix} + C_1e^{6ix} \qquad\qquad (\div e^{-6ix})$$

$$\iff e^{(2+3i)x}y = \int(-\frac{3}{i}e^{3ix} + C_1e^{6ix})\,dx$$

$$\iff e^{(2+3i)x}y = e^{3ix} + \frac{C_1}{6i}e^{6ix} + C_2 \qquad\qquad (C_2 \text{ は積分定数})$$

$$\iff y = e^{-2x} + \frac{C_1}{6i}e^{(-2+3i)x} + C_2e^{(-2-3i)x}. \quad (\div e^{(2+3i)x})$$

ここで, $\dfrac{C_1}{6i}$ は定数であることに変わりないので, これを $C_1{}'$ とおく. 指数法則とオイラーの公式 (定義 6.2.1) より,

$$e^{(-2\pm3i)x} = e^{-2x}e^{\pm3xi}$$
$$= e^{-2x}(\cos 3x \pm i\sin 3x)$$

であるから,

$$(*3) \iff y = e^{-2x} + C_1{}'e^{-2x}(\cos 3x + i\sin 3x) + C_2e^{-2x}(\cos 3x - i\sin 3x)$$

$$\iff y = e^{-2x} + (C_1{}' + C_2)e^{-2x}\cos 3x + i(C_1{}' - C_2)e^{-2x}\sin 3x$$

となる. ここで, $C_1{}' + C_2$ や $i(C_1{}' - C_2)$ は定数なので, これらを文字 D_1, D_2 でそれぞれ表すことにすると,

$$y = e^{-2x} + D_1e^{-2x}\cos 3x + D_2e^{-2x}\sin 3x. \quad \cdots (\text{答})$$

練習問題 8.1 (Exercise 8.1)

問 1　次の微分方程式を解け.

(1) $\dfrac{d^2y}{dx^2} - 3\dfrac{dy}{dx} + 2y = 2e^{3x}$

(2) $\dfrac{d^2y}{dx^2} + 2\dfrac{dy}{dx} + y = 3$

(3) $\dfrac{d^2y}{dx^2} - 2\dfrac{dy}{dx} + 2y = e^x$

(4) $\dfrac{d^2y}{dx^2} + 3\dfrac{dy}{dx} + 2y = 4x$ (Hint. 部分積分を利用する.)

(5) $\dfrac{d^2y}{dx^2} + 2\dfrac{dy}{dx} + 2y = xe^{-x}$ (Hint. 部分積分を利用する.)

問 2 次の微分方程式の初期値問題を解け.

(1) $\dfrac{d^2y}{dx^2} - 5\dfrac{dy}{dx} + 4y = 6e^x$, $y(0) = 3$, $y'(0) = 4$

(2) $\dfrac{d^2y}{dx^2} - 4\dfrac{dy}{dx} + 4y = 12x^2e^{2x}$, $y(0) = -1$, $y'(0) = 0$

(3) $\dfrac{d^2y}{dx^2} - 4\dfrac{dy}{dx} + 5y = 5$, $y(0) = 2$, $y'(0) = 4$

8.2 未定係数法による解法 (Method of Undetermined Coefficients)

微分作用素の因数分解を利用する方法は, 非斉次項にどのような関数が与えられても解を求められるという利点がある. しかし, すでに読者が経験しているように, 計算が煩わしくなるという欠点もある. そこで, この節では, 特別な非斉次項をもつ 2 階線形微分方程式に対して, ヤマ勘で手早く解を求める方法を紹介する.

発想は次のとおり. たとえば, 定数係数 2 階線形微分方程式 (非斉次形):

$$\frac{d^2y}{dx^2} + 3\frac{dy}{dx} + 2y = 4 \quad \cdots (*1)$$

を満たす解の 1 つとして, $y_{\mathrm{p}}(x) = 2$ があることは直感ですぐにわかる. このように直感で見つけられた解 $y_{\mathrm{p}}(x)$ を $(*1)$ の**特殊解**または**特解** (*particular solution*) という. 次に,

$$y(x) = u(x) + y_{\mathrm{p}}(x) \quad (\text{いまの場合}, = u(x) + 2) \quad \cdots (*2)$$

68   第 8 章　定数係数 2 階線形微分方程式 (非斉次形)

とおいて (∗1) に代入すると,

$$\frac{d^2(u+2)}{dx^2} + 3\frac{d(u+2)}{dx} + 2(u+2) = 4$$

$$\Longleftrightarrow \quad \frac{d^2u}{dx^2} + 3\frac{du}{dx} + 2u = 0$$

となる. つまり, $u(x)$ は 2 階線形微分方程式 (非斉次形) の解である. 特性方程式 $\lambda^2 + 3\lambda + 2 = 0$ の解が $\lambda = -1, -2$ であることから, まとめ 7.1.1 より,

$$u = C_1 e^{-x} + C_2 e^{-2x} \quad (ただし, C_1, C_2 は定数)$$

となる. これを (∗1) の**基本解** (*fundamental solution*) という.

(∗2) より, 非斉次方程式 (∗1) の解 $y(x)$ は,

$$y(x) = 2 + C_1 e^{-x} + C_2 e^{-2x}$$

$$= (特殊解) + (基本解)$$

と書くことができる.

　ここまでの議論を一般化してまとめると, 次のようになる.

定理 8.2.1 (特殊解 + 基本解の方法)
　2 階線形微分方程式 (非斉次形) :

$$\frac{d^2y}{dx^2} + k\frac{dy}{dx} + \ell y = R(x) \quad \cdots (\ast)$$

の**特殊解**または**特解** (*particular solution*) を $y_\mathrm{p}(x)$ とし, 2 階線形微分方程式 (斉次形) :

$$\frac{d^2y}{dx^2} + k\frac{dy}{dx} + \ell y = 0$$

の解を $u(x)$ (これを (∗) の**基本解** (*fundamental solution*) という) とする. このとき, (∗) の一般解 $y = y(x)$ は,

$$y(x) = y_\mathrm{p}(x) + u(x)$$

となる.

例題を解いて，特殊解 + 基本解 の方法に慣れよう．

— 例題 (Example) —

次の微分方程式をそれぞれ解け．

(1) $\dfrac{d^2y}{dx^2} + 3\dfrac{dy}{dx} + 2y = 4x$ 　　　　(2) $\dfrac{d^2y}{dx^2} + 2\dfrac{dy}{dx} + y = 9e^{2x}$

(3) $\dfrac{d^2y}{dx^2} - 2\dfrac{dy}{dx} + 5y = 13\sin 3x$

解答 Solution

(1) **(Step 1)** まず，特殊解 y_p を求める．

非斉次項が x の 1 次式なので，特殊解も x の 1 次式であると仮定して，

$$y_\mathrm{p} = ax + b \quad (a, b \text{ は定数})$$

とおく．これを方程式に代入すると，

$$\frac{d^2(ax+b)}{dx^2} + 3\frac{d(ax+b)}{dx} + 2(ax+b) = 4x$$

$$\Longleftrightarrow \quad 3a + 2ax + 2b = 4x$$

$$\Longleftrightarrow \quad 2ax + (3a + 2b) = 4x$$

となる．両辺の係数を比較して，

$$\begin{cases} 2a = 4 \\ 3a + 2b = 0 \end{cases} \quad \Longleftrightarrow \quad a = 2, b = -3$$

したがって，特殊解は $y_\mathrm{p} = 2x - 3$ である．

(Step 2) 次に，基本解 u を求める．

左辺の微分作用素の特性方程式を解く．

$$\lambda^2 + 3\lambda + 2 = 0 \quad (\text{右辺 } 0 \text{ に注意}) \quad \Longleftrightarrow \quad (\lambda + 2)(\lambda + 1) = 0$$

$$\Longleftrightarrow \quad \lambda = -2, -1$$

まとめ 7.1.1 より，基本解は $u = C_1 e^{-2x} + C_2 e^{-x}$ となる．

(Step 3) 最後に，特殊解と基本解を加える．

70 第 8 章 定数係数 2 階線形微分方程式 (非斉次形)

与えられた方程式の解は,

$$y = 2x - 3 + C_1 e^{-2x} + C_2 e^{-x} \quad \cdots (答)$$

(2) **(Step 1)** まず, 特殊解 y_{p} を求める.

非斉項が e^{2x} の定数倍なので, 特殊解も e^{2x} の定数倍と仮定して,

$$y_{\mathrm{p}} = ae^{2x} \quad (a\ は定数)$$

とおく. これを方程式に代入すると,

$$\frac{d^2(ae^{2x})}{dx^2} + 2\frac{d(ae^{2x})}{dx} + ae^{2x} = 9e^{2x} \quad \Longleftrightarrow \quad 4ae^{2x} + 4ae^{2x} + ae^{2x} = 9e^{2x}$$

$$\Longleftrightarrow \quad 9ae^{2x} = 9e^{2x}$$

となる. 両辺の係数を比較して,

$$9a = 9 \Longleftrightarrow a = 1$$

したがって, 特殊解は $y_{\mathrm{p}} = e^{2x}$ である.

(Step 2) 次に, 基本解 u を求める.

左辺の微分作用素の特性方程式を解く.

$$\lambda^2 + 2\lambda + 1 = 0 \quad (右辺\ 0\ に注意) \quad \Longleftrightarrow \quad (\lambda + 1)^2 = 0$$

$$\Longleftrightarrow \quad \lambda = -1 \quad (重解)$$

まとめ 7.1.1 より, 基本解は $u = C_1 e^{-x} + C_2 x e^{-x}$ となる.

(Step 3) 最後に, 特殊解と基本解を加える.

与えられた方程式の解は,

$$y = e^{2x} + C_1 e^{-x} + C_2 x e^{-x} \quad \cdots (答)$$

(3) **(Step 1)** まず, 特殊解 y_{p} を求める.

押しつけがましいが, 特殊解を

$$y_{\mathrm{p}} = a\cos 3x + b\sin 3x \quad (a, b\ は定数)$$

とおく．これを方程式に代入すると，

$$\frac{d^2(a\cos 3x + b\sin 3x)}{dx^2} - 2\frac{d(a\cos 3x + b\sin 3x)}{dx}$$
$$+5(a\cos 3x + b\sin 3x) = 13\sin 3x$$

$$\Longleftrightarrow \quad (-9a\cos 3x - 9b\sin 3x) - 2(-3a\sin 3x + 3b\cos 3x)$$
$$+5(a\cos 3x + b\sin 3x) = 13\sin 3x$$

$$\Longleftrightarrow \quad (-4a - 6b)\cos 3x + (6a - 4b)\sin 3x = 13\sin 3x$$

となる．両辺の係数を比較して，

$$\begin{cases} -4a - 6b = 0 \\ 6a - 4b = 13 \end{cases} \Longleftrightarrow a = \frac{3}{2}, b = -1$$

したがって，特殊解は $y_{\mathrm{p}} = \dfrac{3}{2}\cos 3x - \sin 3x$ である．

(Step 2) 次に，基本解 u を求める．

左辺の微分作用素の特性方程式を解く．解の公式より，

$$\lambda^2 - 2\lambda + 5 = 0 \quad (右辺\ 0\ に注意)$$
$$\Longleftrightarrow \quad \lambda = \frac{-(-2) \pm \sqrt{(-2)^2 - 4 \times 1 \times 5}}{2 \times 1}$$
$$\Longleftrightarrow \quad \lambda = \frac{2 \pm 4i}{2}$$
$$\Longleftrightarrow \quad \lambda = 1 \pm 2i$$

まとめ 7.1.1 より，基本解は $u = C_1 e^x \cos 2x + C_2 e^x \sin 2x$ となる．

(Step 3) 最後に，特殊解と基本解を加える．

与えられた方程式の解は，

$$y = \frac{3}{2}\cos 3x - \sin 3x + C_1 e^x \cos 2x + C_2 e^x \sin 2x \quad \cdots (答)$$

例題の解答のように，うまく特殊解の関数形を予想して係数を決定していく方法を**未定係数法** (*method of undetermined coefficients*) という．未定係数法は確かに手早く解を求める計算法だが，次のような欠点がある．

72　第 8 章　定数係数 2 階線形微分方程式 (非斉次形)

(欠点 1) 非斉次項によっては, 特殊解を見つけるときに, 突飛な発想が必要になることがある. たとえば,

$$\frac{d^2y}{dx^2} + 3\frac{dy}{dx} + 2y = e^{-x}$$

の特殊解を見つけるときに, $y_{\mathrm{p}} = ae^{-x}$ と仮定しても, うまく定数 a を定めることができない. 実際, 代入後に矛盾する等式 $0 = e^{-x}$ が表れて, a が決まらない. (実は, $y_{\mathrm{p}} = axe^{-x}$ と仮定すると, うまく a の値を定めることができる.)

(欠点 2) 型にはまらない非斉次項が与えられたときに, 特殊解の見積もりができなくなってお手上げになる. たとえば,

$$\frac{d^2y}{dx^2} + 2\frac{dy}{dx} + y = \frac{e^{-x}}{x^2}$$

の特殊解は $y_{\mathrm{p}} = -e^{-x} \log |x|$ であるが, この形に気付くことは難しい.

(欠点 3) 抽象理論を構築しにくい. つまり, 非斉次項が一般的な関数 $R(x)$ で与えられたときに, 特殊解を見つけることが絶望的になる.

　以上のように, 未定係数法にせよ, 微分作用素を因数分解する方法にせよ, 利点と欠点がある. 読者には問題が与えられたときに臨機応変に解答する力量を期待したい.

練習問題 8.2 (Exercise 8.2)

問 1　未定係数方法を用いて, 次の微分方程式をそれぞれ解け.

(1) $\dfrac{d^2y}{dx^2} - \dfrac{dy}{dx} - 6y = 6x$
　　　　　　　　(2) $\dfrac{d^2y}{dx^2} + 4\dfrac{dy}{dx} + 4y = 9e^x$

(3) $\dfrac{d^2y}{dx^2} - 4\dfrac{dy}{dx} + 13y = 8\cos x$

第 9 章
微分方程式と力学
DIFFERENTIAL EQUATIONS AND DYNAMICS

この章では，力学で登場する微分方程式について解説する．力学を必要としない人はこの章を読み飛ばしてもよい．ここでは，定数係数 2 階線形微分方程式を用いて，物体の動きを予測する方法を紹介する．

そのために，ニュートンの運動方程式 (Newton's equation of motion)：
$$m\frac{d^2x}{dt^2} = F$$
を思い出しておこう．ここで，m kg は物体の質量で，$\frac{d^2x}{dt^2}$ m/s^2 は物体の加速度，F N は物体にはたらく力である．

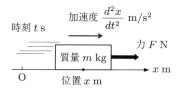

図 9.1 質量，加速度，力の関係

9.1 バネの力による物体の運動 (The Motion Caused by a Spring)

微分方程式を解くことができると，高校生には難しく思われる物理の問題を比較的容易に解くことができる．

74 第 9 章 微分方程式と力学

例題 (Example)

図のように，自然長が $0.10\,\mathrm{m}$ のバネ (バネ定数 $0.20\,\mathrm{N/m}$) の一端に質量 $0.20\,\mathrm{kg}$ の物体を取り付ける．時刻 $t = 0\,\mathrm{s}$ のとき，この物体は x 軸上の原点にあって，初速度は $0\,\mathrm{m/s}$ であった．バネの他端を指でつまみ，一定の速さ $0.30\,\mathrm{m/s}$ で x 軸正方向

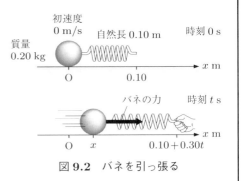

図 **9.2** バネを引っ張る

に動かす．物体の運動は x 軸上で行われるものとして，時刻 $t\,\mathrm{s}$ での物体の位置を $x = x(t)\,\mathrm{m}$ とする．床面と物体の間には摩擦がはたらかないものとして，次の各問に答えよ．

(1) 物体の加速度が $\dfrac{d^2x}{dt^2}$ で表されることに注意し，この物体について運動方程式 (運動の第二法則) を書け．

(2) 初期条件 $x(0) = 0$, $x'(0) = 0$ に注意し，(1) の微分方程式を解け．

解答 Solution (1) 時刻 $t\,\mathrm{s}$ のとき，バネの全長は指でつまんでいる位置と物体の位置の差になるので，$(0.10 + 0.30 \times t) - x\,\mathrm{m}$. バネの伸びは，これから自然長を引いて，$(0.10 + 0.30 \times t) - x - 0.10 = 0.30 \times t - x\,\mathrm{m}$. したがって，物体がバネから受ける力は，$0.20 \times (0.30 \times t - x)\,\mathrm{N}$. これから，運動方程式は，

$$0.20 \times \frac{d^2x}{dt^2} = 0.20 \times (0.30 \times t - x). \quad \cdots (\text{答})$$

(2) (1) で得られた微分方程式を整理すると，

$$\frac{d^2x}{dt^2} + x = 0.30t \iff \left(\frac{d^2}{dt^2} + 1\right)x = 0.30t \quad \cdots (*)$$

となる．左辺の微分作用素を因数分解すると (定理 6.3.1)，

$$(*) \iff \left(\frac{d}{dt} - i\right)\left(\frac{d}{dt} + i\right)x = 0.30t$$

$$\iff e^{it}\frac{d}{dt}\left\{e^{-it} \times e^{-it}\frac{d}{dt}(e^{it}x)\right\} = 0.30t$$

$$\Longleftrightarrow \quad \frac{d}{dt}\left\{e^{-2it}\frac{d}{dt}(e^{it}x)\right\} = 0.30te^{-it}$$

$$\Longleftrightarrow \quad e^{-2it}\frac{d}{dt}(e^{it}x) = \int 0.30te^{-it}\,dt.$$

ここで, 部分積分を用いると,

$$e^{-2it}\frac{d}{dt}(e^{it}x) = 0.30t \times \left(\frac{1}{-i}e^{-it}\right) - \int 0.30 \times \left(\frac{1}{-i}e^{-it}\right)dt$$

$$= 0.30ite^{-it} + 0.30e^{-it} + C_1$$

となる. ここから両辺を e^{-2it} で割って, 積分すると,

$$e^{it}x = \int 0.30ite^{it}\,dt + \int 0.30e^{it}\,dt + \int C_1 e^{2it}\,dt.$$

右辺第 1 項について, もう一度部分積分すると,

$$e^{it}x = 0.30it \times \left(\frac{1}{i}e^{it}\right) - \int 0.30i \times \left(\frac{1}{i}e^{it}\right)dt$$

$$+ \frac{0.30}{i}e^{it} + \frac{C_1}{2i}e^{2it}$$

$$= 0.30te^{it} - \frac{0.30}{i}e^{it} + \frac{0.30}{i}e^{it} + C_1{}'e^{2it} + C_2,$$

ここで, $C_1{}' = \dfrac{C_1}{2i}$ とおいた. 両辺を e^{it} で割って整理すると,

$$x = 0.30t + C_1{}'e^{it} + C_2 e^{-it}.$$

オイラーの公式 (定義 6.2.1) より,

$$x = 0.30t + D_1\cos t + D_2\sin t,$$

ここで, $D_1 = C_1{}' + C_2$, $D_2 = i(C_1{}' - C_2)$ とおいた. 最後に, 初期条件 $x(0) = 0$ と $x'(0) = 0$ より, $D_1 = 0$ と $D_2 = -0.30$ となるので,

$$x = 0.30t - 0.30\sin t \quad \cdots (答)$$

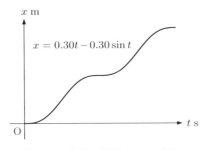

図 9.3　物体の運動の x-t グラフ

【別解 (Another Solution)】8.2 節で紹介した未定係数法で，微分方程式
$$\frac{d^2x}{dt^2} + x = 0.30t \quad \cdots (*)$$
をもっと楽に解くことができる．

(Step 1) ヤマ勘で 1 つだけ解を求める．

$x = at + b$ (a, b は定数) が解であると予想して，$(*)$ に代入すると，
$$0 + at + b = 0.30t$$
となる．これから，$a = 0.30$, $b = 0$ がわかる．特殊解は $y_\mathrm{p} = 0.30t$ である．

(Step 2) $x = y + $ (特殊解) とおいて，y を求める．

$x = y + 0.30t$ とおいて，$(*)$ に代入すると，
$$\frac{d^2y}{dt^2} + y + 0.30t = 0.30t \quad \Longleftrightarrow \quad \frac{d^2y}{dt^2} + y = 0$$
となる．この微分方程式の特性方程式は $\lambda^2 + 1 = 0$ なので，解は $\lambda = \pm i$ となる．まとめ 7.1.1 より，
$$y = C_1 \cos t + C_2 \sin t$$
を得る．したがって，$x = C_1 \cos t + C_2 \sin t + 0.30t$．

あとは，初期条件を利用して，定数 C_1, C_2 の値を定めればよい．

練習問題 9.1 (Exercise 9.1)

問 1 図のように, 自然長が $0.2\,\mathrm{m}$ のバネ (バネ定数 $4\,\mathrm{N/m}$) の一端に質量 $1\,\mathrm{kg}$ の物体を取り付ける. 時刻 $t = 0\,\mathrm{s}$ のとき, この物体は x 軸上の原点にあって, 初速度は $0\,\mathrm{m/s}$ であった. バネの他端を指でつまみ, 一定の速さ $0.4\,\mathrm{m/s}$ で x 軸正方向に動かす.

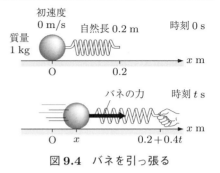

図 9.4 バネを引っ張る

物体の運動は x 軸上で行われるものとして, 時刻 $t\,\mathrm{s}$ での物体の位置を $x = x(t)\,\mathrm{m}$ とする. 床面と物体の間には摩擦がはたらかないものとして, 次の各問に答えよ.

(1) この物体について運動方程式 (運動の第二法則) を書け.
(2) 初期条件 $x(0) = 0$, $x'(0) = 0$ に注意し, (1) の微分方程式を解け.

第 10 章

定数係数連立線形微分方程式 (斉次形)

SIMULTANEOUS LINEAR DIFF. EQ. OF HOMOGENEOUS TYPE

この章では,

$$\begin{cases} \dfrac{dy_1}{dx} = ay_1 + by_2 \\[2mm] \dfrac{dy_2}{dx} = cy_1 + dy_2 \end{cases}$$

のように, 2 つの未知関数 $y_1 = y_1(x)$ と $y_2 = y_2(x)$ が含まれる微分方程式の解法を紹介する. ただし, 係数 a, b, c, d はすべて定数とする.

10.1 解法 (Method of the Solution)

例題を通して連立微分方程式の解法を身につけよう.

例題 (Example)

次の連立微分方程式を解け.

$$\begin{cases} \dfrac{dy_1}{dx} = y_1 + 2y_2 & \cdots ① \\[2mm] \dfrac{dy_2}{dx} = -y_1 + 4y_2 & \cdots ② \end{cases}$$

10.1 解法　79

【解答・1 文字消去によるもの (Solution due to substitution)】

(Step 1) 連立方程式の代入法をまねる.

②式より,

$$y_1 = -\frac{dy_2}{dx} + 4y_2 \quad \cdots ③$$

となる. ③式を①式に代入して,

$$\frac{d}{dx}\left(-\frac{dy_2}{dx} + 4y_2\right) = \left(-\frac{dy_2}{dx} + 4y_2\right) + 2y_2$$

$$\iff \frac{d^2 y_2}{dx^2} - 5\frac{dy_2}{dx} + 6y_2 = 0. \quad \cdots ④$$

(Step 2) 定数係数 2 階線形微分方程式の解法を利用.

$$④ \iff \left(\frac{d}{dx} - 2\right)\left(\frac{d}{dx} - 3\right) y_2 = 0$$

$$\iff e^{-(-2x)}\frac{d}{dx}\left\{e^{-2x}e^{-(-3x)}\frac{d}{dx}(e^{-3x}y_2)\right\} = 0$$

$$\iff \frac{d}{dx}\left\{e^x\frac{d}{dx}(e^{-3x}y_2)\right\} = 0$$

これは $\{\cdots\}$ の部分が定数であることを意味するので,

$$④ \iff e^x\frac{d}{dx}(e^{-3x}y_2) = C_1 \qquad (C_1 \text{ は積分定数})$$

$$\iff \frac{d}{dx}(e^{-3x}y_2) = C_1 e^{-x}$$

$$\iff e^{-3x}y_2 = \int C_1 e^{-x}\, dx$$

$$\iff e^{-3x}y_2 = -C_1 e^{-x} + C_2 \qquad (C_2 \text{ は積分定数})$$

$$\iff y_2 = -C_1 e^{2x} + C_2 e^{3x} \quad \cdots ⑤$$

(あるいは, まとめ 7.1.1 を利用して⑤を導いてもよい.)

(Step 3) もう片方の未知関数を決める.

⑤式を③式に代入すると,

$$y_1 = -\frac{d}{dx}(-C_1 e^{2x} + C_2 e^{3x}) + 4(-C_1 e^{2x} + C_2 e^{3x})$$

$$= 2C_1 e^{2x} - 3C_2 e^{3x} - 4C_1 e^{2x} + 4C_2 e^{3x}$$

80　第 10 章　定数係数連立線形微分方程式 (斉次形)

$$= -2C_1 e^{2x} + C_2 e^{3x}$$

を得る. 以上より,

$$\begin{cases} y_1 = -2C_1 e^{2x} + C_2 e^{3x} \\ y_2 = -C_1 e^{2x} + C_2 e^{3x} \end{cases} \cdots (\text{答})$$

Remark. $-2C_1$ を C_1' のように置きかえない方がよい.

練習問題 10.1 (Exercise 10.1)

問 1　次の連立微分方程式を解け.

(1) $\begin{cases} \dfrac{dy_1}{dx} = y_1 + y_2 \\ \dfrac{dy_2}{dx} = -4y_1 - 3y_2 \end{cases}$
(2) $\begin{cases} \dfrac{dy_1}{dx} = y_1 - 2y_2 \\ \dfrac{dy_2}{dx} = 2y_1 + y_2 \end{cases}$

(3) $\begin{cases} \dfrac{dy_1}{dx} = 3y_1 + 2y_2 \\ \dfrac{dy_2}{dx} = 8y_1 + 3y_2 \end{cases}$

問 2　次の連立微分方程式の初期値問題を解け.

(1) $\begin{cases} \dfrac{dy_1}{dx} = -6y_1 + 2y_2 \\ \dfrac{dy_2}{dx} = 2y_1 - 3y_2 \\ y_1(0) = -1,\ y_2(0) = 3 \end{cases}$
(2) $\begin{cases} \dfrac{dy_1}{dx} = 3y_1 + y_2 \\ \dfrac{dy_2}{dx} = -y_1 + y_2 \\ y_1(0) = -1,\ y_2(0) = -1 \end{cases}$

(3) $\begin{cases} \dfrac{dy_1}{dx} = -y_2 \\ \dfrac{dy_2}{dx} = y_1 \\ y_1(0) = 2,\ y_2(0) = -1 \end{cases}$

10.2　連立微分方程式の応用 (Application)

　部屋の気温変化を予測する際に連立微分方程式が役立つ. 接触している領域 A と領域 B に温度差があると, 領域間で単位時間中に流れ込む熱量は, 次のニュートンの冷却法則 (*Newton's law of cooling*) に従う.

10.2 連立微分方程式の応用

法則 10.2.1 (ニュートンの冷却法則 Newton's law of cooling)

接触している領域 A と領域 B の温度がそれぞれ T_A ℃, T_B ℃ のとき, 領域 A から領域 B に単位時間中に流れ込む熱量は, 温度差に比例する.

(A から B に単位時間中に流れ込む熱量)
$= k(T_A - T_B)$ J/s

ここで, k は比例定数である.

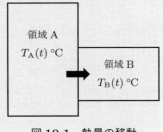

図 10.1 熱量の移動

Remark. 法則 10.2.1 は, 2 つの領域の温度差が 0 のときに熱量の移動がなくなることを表している. また, 2 つの領域の温度差が大きいほど多くの熱量が流れ込むことも表している. これは, 我々の直感に合っている.

Remark. $k(T_A - T_B) < 0$ のときは, 熱量の流れが逆になって領域 B から領域 A に熱量が流れ込むことを意味する.

例題 (Example)

図のように, 部屋 1 と部屋 2 が接していて, 外気温 0℃ の環境に置かれている. 時刻 t s における部屋 1 の気温を $T_1 = T_1(t)$ ℃ とし, 部屋 2 の気温を $T_2 = T_2(t)$ ℃ とする. ニュートンの冷却法則 (法則 10.2.1) に基づいて, T_1 と T_2 の変化を記述する方程式を立てると,

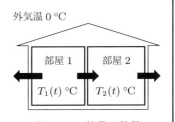

図 10.2 熱量の移動

$$\begin{cases} \dfrac{dT_1}{dt} = -\alpha(T_1 - 0) - \beta(T_1 - T_2) \\ \dfrac{dT_2}{dt} = -\gamma(T_2 - 0) + \delta(T_1 - T_2) \end{cases}$$

となる (ただし, $\alpha, \beta, \gamma, \delta$ は定数).

$\alpha = 1, \beta = 1, \gamma = 1, \delta = 1$ とし, 時刻 $t = 0$ s で $T_1(0) = 20$℃, $T_2(0) = 10$℃ とするとき, $T_1(t)$ と $T_2(t)$ の関数形を求めよ.

82　第 10 章　定数係数連立線形微分方程式 (斉次形)

解答 Solution 微分方程式を整理すると，結局，

$$\begin{cases} \dfrac{dT_1}{dt} = -2T_1 + T_2 & \cdots ① \\[3mm] \dfrac{dT_2}{dt} = T_1 - 2T_2 & \cdots ② \end{cases}$$

となる．これを初期条件 $T_1(0) = 20$, $T_2(0) = 10$ のもとで解けばよい．

(Step 1) 1 つの未知関数を消去する．

①式より，

$$T_2 = \frac{dT_1}{dt} + 2T_1 \quad \cdots ③$$

となる．③式を②式に代入して，

$$\frac{d}{dt}\left(\frac{dT_1}{dt} + 2T_1\right) = T_1 - 2\left(\frac{dT_1}{dt} + 2T_1\right)$$

$$\Longleftrightarrow \frac{d^2T_1}{dt^2} + 4\frac{dT_1}{dt} + 3T_1 = 0. \quad \cdots ④$$

(Step 2) 定数係数 2 階線形微分方程式の解法を利用．

左辺の微分作用素を因数分解して，

$$④ \iff \left(\frac{d}{dt} + 3\right)\left(\frac{d}{dt} + 1\right) T_1 = 0$$

$$\iff e^{-3t}\frac{d}{dt}\left\{e^{3t}e^{-t}\frac{d}{dt}(e^t T_1)\right\} = 0$$

$$\iff \frac{d}{dt}\left\{e^{2t}\frac{d}{dt}(e^t T_1)\right\} = 0.$$

これは $\{\cdots\}$ の部分が定数であることを意味するので，

$$\iff e^{2t}\frac{d}{dt}(e^t T_1) = C_1 \qquad (C_1 \text{ は積分定数})$$

$$\iff \frac{d}{dt}(e^t T_1) = C_1 e^{-2t}$$

$$\iff e^t T_1 = \int C_1 e^{-2t}\, dt$$

$$\iff e^t T_1 = \frac{C_1}{-2}e^{-2t} + C_2 \qquad (C_2 \text{ は積分定数})$$

ここで, $\dfrac{C_1}{-2} = C_1{}'$ とおき, 両辺を e^t で割ると,

$$T_1 = C_1{}'e^{-3t} + C_2 e^{-t} \quad \cdots ⑤$$

(あるいは, まとめ 7.1.1 を利用して, ⑤を導いてもよい.)

(Step 3) もう片方の未知関数を決める.

⑤式を③式に代入すると,

$$
\begin{aligned}
T_2 &= \frac{d}{dt}(C_1{}'e^{-3t} + C_2 e^{-t}) + 2(C_1{}'e^{-3t} + C_2 e^{-t}) \\
&= -3C_1{}'e^{-3t} - C_2 e^{-t} + 2C_1{}'e^{-3t} + 2C_2 e^{-t} \\
&= -C_1{}'e^{-3t} + C_2 e^{-t}
\end{aligned}
$$

を得る. 以上より,

$$
\begin{cases}
T_1 = C_1{}'e^{-3t} + C_2 e^{-t} \\
T_2 = -C_1{}'e^{-3t} + C_2 e^{-t}
\end{cases} \quad \cdots ⑥
$$

(Step 4) 積分定数の値を求める.

初期条件 $T_1(0) = 20,\ T_2(0) = 10$ に注意して, ⑥に $t = 0$ を代入すると,

$$
\begin{cases}
20 = C_1{}' + C_2 \\
10 = -C_1{}' + C_2
\end{cases}
$$

となる. この連立方程式を解くと, $C_1{}' = 5,\ C_2 = 15$ となる. ゆえに,

$$
\begin{cases}
T_1 = 5e^{-3t} + 15e^{-t} \\
T_2 = -5e^{-3t} + 15e^{-t}
\end{cases} \quad \cdots (答)
$$

第 10 章 定数係数連立線形微分方程式 (斉次形)

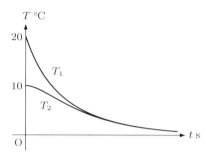

図 10.3 各部屋の気温変化

練習問題 10.2 (Exercise 10.2)

問 1 上の例題において,$\alpha = 9$, $\beta = 3$, $\gamma = 1$, $\delta = 3$ および $T_1(0) = 20$, $T_2(0) = 10$ としたとき,連立微分方程式の初期値問題を解け.

第 11 章

定数係数連立線形微分方程式 (非斉次形)

SIMULTANEOUS LINEAR DIFF. EQ. OF INHOMOGENEOUS TYPE

この章では, 前章で学んだ連立線形微分方程式に非斉次項 $f_1(x)$, $f_2(x)$ が付け加わったもの, すなわち,

$$\begin{cases} \dfrac{dy_1}{dx} = ay_1 + by_2 + f_1(x) \\ \dfrac{dy_2}{dx} = cy_1 + dy_2 + f_2(x) \end{cases}$$

の解法を紹介する. 解き方の方針は前章と似ているが, 計算がやや面倒になる.

11.1　解法 (Method of the Solution)

例題を通して解法を身につけよう.

例題 (Example)

次の微分方程式を解け.

$$\begin{cases} \dfrac{dy_1}{dx} = y_1 + 2y_2 + e^{3x} & \cdots ① \\ \dfrac{dy_2}{dx} = -y_1 + 4y_2 + 2e^{3x} & \cdots ② \end{cases}$$

86　第 11 章　定数係数連立線形微分方程式 (非斉次形)

【解答・1 文字消去によるもの (Solution due to substitution)】

(Step 1) 連立方程式の代入法をまねる.

②式より,

$$y_1 = -\frac{dy_2}{dx} + 4y_2 + 2e^{3x} \quad \cdots ③$$

となる. ③式を①式に代入して,

$$\frac{d}{dx}\left(-\frac{dy_2}{dx} + 4y_2 + 2e^{3x}\right) = \left(-\frac{dy_2}{dx} + 4y_2 + 2e^{3x}\right) + 2y_2 + e^{3x}$$

$$\Longleftrightarrow \quad \frac{d^2y_2}{dx^2} - 5\frac{dy_2}{dx} + 6y_2 = 3e^{3x} \quad \cdots ④$$

となる.

(Step 2) 定数係数 2 階線形微分方程式の解法を利用.

$$④ \quad \Longleftrightarrow \quad \left(\frac{d}{dx} - 2\right)\left(\frac{d}{dx} - 3\right)y_2 = 3e^{3x}$$

$$\Longleftrightarrow \quad e^{-(-2x)}\frac{d}{dx}\left\{e^{-2x}e^{-(-3x)}\frac{d}{dx}(e^{-3x}y_2)\right\} = 3e^{3x}$$

$$\Longleftrightarrow \quad e^{2x}\frac{d}{dx}\left\{e^{x}\frac{d}{dx}(e^{-3x}y_2)\right\} = 3e^{3x}$$

両辺を e^{2x} で割ると,

$$④ \quad \Longleftrightarrow \quad \frac{d}{dx}\left\{e^{x}\frac{d}{dx}(e^{-3x}y_2)\right\} = 3e^{x}$$

$$\Longleftrightarrow \quad e^{x}\frac{d}{dx}(e^{-3x}y_2) = \int 3e^{x}\,dx$$

$$\Longleftrightarrow \quad e^{x}\frac{d}{dx}(e^{-3x}y_2) = 3e^{x} + C_1 \qquad (C_1 \text{ は積分定数})$$

$$\Longleftrightarrow \quad \frac{d}{dx}(e^{-3x}y_2) = 3 + C_1 e^{-x}$$

$$\Longleftrightarrow \quad e^{-3x}y_2 = \int (3 + C_1 e^{-x})\,dx$$

$$\Longleftrightarrow \quad e^{-3x}y_2 = 3x - C_1 e^{-x} + C_2 \qquad (C_2 \text{ は積分定数})$$

$$\Longleftrightarrow \quad y_2 = 3xe^{3x} - C_1 e^{2x} + C_2 e^{3x}. \quad \cdots ⑤$$

11.1 解法　87

(Step 3) もう片方の未知関数を決める.

⑤式を③式に代入すると,

$$y_1 = -\frac{d}{dx}\left(3xe^{3x} - C_1e^{2x} + C_2e^{3x}\right)$$
$$+ 4(3xe^{3x} - C_1e^{2x} + C_2e^{3x}) + 2e^{3x}$$
$$= -(3e^{3x} + 9xe^{3x}) + 2C_1e^{2x} - 3C_2e^{3x}$$
$$+ 12xe^{3x} - 4C_1e^{2x} + 4C_2e^{3x} + 2e^{3x}$$
$$= -e^{3x} + 3xe^{3x} - 2C_1e^{2x} + C_2e^{3x}$$

を得る. 以上より,

$$\begin{cases} y_1 = 3xe^{3x} - 2C_1e^{2x} + (C_2 - 1)e^{3x} \\ y_2 = 3xe^{3x} - C_1e^{2x} + C_2e^{3x} \end{cases} \cdots (\text{答})$$

練習問題 11.1 (Exercise 11.1)

問 1　次の連立微分方程式を解け.

(1) $\begin{cases} \dfrac{dy_1}{dx} = y_1 + y_2 - e^x \\ \dfrac{dy_2}{dx} = -4y_1 - 3y_2 \end{cases}$　　(2) $\begin{cases} \dfrac{dy_1}{dx} = y_1 - 2y_2 + 3 \\ \dfrac{dy_2}{dx} = 2y_1 + y_2 - 3 \end{cases}$

(3) $\begin{cases} \dfrac{dy_1}{dx} = 3y_1 + 2y_2 + 4e^x \\ \dfrac{dy_2}{dx} = 8y_1 + 3y_2 - 2e^x \end{cases}$

問 2　次の連立微分方程式の初期値問題を解け.

(1) $\begin{cases} \dfrac{dy_1}{dx} = -6y_1 + 2y_2 + 4 \\ \dfrac{dy_2}{dx} = 2y_1 - 3y_2 + 1 \\ y_1(0) = 4,\ y_2(0) = 2 \end{cases}$　　(2) $\begin{cases} \dfrac{dy_1}{dx} = 3y_1 + y_2 + 3e^x \\ \dfrac{dy_2}{dx} = -y_1 + y_2 + e^x \\ y_1(0) = 1,\ y_2(0) = -4 \end{cases}$

(3) $\begin{cases} \dfrac{dy_1}{dx} = -y_2 + e^{2x} \\ \dfrac{dy_2}{dx} = y_1 - 3e^{2x} \\ y_1(0) = 2,\ y_2(0) = 0 \end{cases}$

11.2 連立微分方程式の応用 (Application)

外気温が 0℃ ではない場合で部屋の気温変化を予測する際に非斉次形の連立微分方程式が役立つ.

--- 例題 (Example) ---

図のように, 部屋1と部屋2が接していて, 外気温 10℃ の環境に置かれている. 時刻 t s における部屋1の気温を $T_1 = T_1(t)$ ℃ とし, 部屋2の気温を $T_2 = T_2(t)$ ℃ とする. ニュートンの冷却法則 (法則 10.2.1) に基づいて, T_1 と T_2 の変化を記述する方程式を立てると,

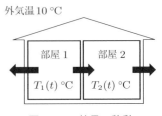

図 11.1　熱量の移動

$$\begin{cases} \dfrac{dT_1}{dt} = -\alpha(T_1 - 10) - \beta(T_1 - T_2) \\ \dfrac{dT_2}{dt} = -\gamma(T_2 - 10) + \delta(T_1 - T_2) \end{cases}$$

となる (ただし, $\alpha, \beta, \gamma, \delta$ は定数).
　$\alpha = 1, \beta = 1, \gamma = 1, \delta = 1$ とし, 時刻 $t = 0$ s で $T_1(0) = 20$℃, $T_2(0) = 10$℃ とするとき, $T_1(t)$ と $T_2(t)$ の関数形を求めよ.

解答 Solution 微分方程式を整理すると, 結局,

$$\begin{cases} \dfrac{dT_1}{dt} = -2T_1 + T_2 + 10 & \cdots ① \\ \dfrac{dT_2}{dt} = T_1 - 2T_2 + 10 & \cdots ② \end{cases}$$

を初期条件 $T_1(0) = 20, T_2(0) = 10$ のもとで解けばよいことがわかる.

(step 1) 1つの未知関数を消去する.

①式より,
$$T_2 = \frac{dT_1}{dt} + 2T_1 - 10 \quad \cdots ③$$

となる．③式を②式に代入して，

$$\frac{d}{dt}\left(\frac{dT_1}{dt} + 2T_1 - 10\right) = T_1 - 2\left(\frac{dT_1}{dt} + 2T_1 - 10\right) + 10$$

$$\iff \quad \frac{d^2T_1}{dt^2} + 4\frac{dT_1}{dt} + 3T_1 = 30. \quad \cdots ④$$

(step 2) 定数係数 2 階線形微分方程式の解法を利用．

左辺の微分作用素を因数分解して，

$$④ \iff \left(\frac{d}{dt} + 3\right)\left(\frac{d}{dt} + 1\right)T_1 = 30$$

$$\iff e^{-3t}\frac{d}{dt}\left\{e^{3t}e^{-t}\frac{d}{dt}(e^t T_1)\right\} = 30$$

$$\iff \frac{d}{dt}\left\{e^{2t}\frac{d}{dt}(e^t T_1)\right\} = 30e^{3t}$$

$$\iff e^{2t}\frac{d}{dt}(e^t T_1) = \int 30e^{3t}\ dt$$

$$\iff e^{2t}\frac{d}{dt}(e^t T_1) = 10e^{3t} + C_1 \qquad (C_1\ \text{は積分定数})$$

$$\iff \frac{d}{dt}(e^t T_1) = 10e^t + C_1 e^{-2t}$$

$$\iff e^t T_1 = \int (10e^t + C_1 e^{-2t})\ dt$$

$$\iff e^t T_1 = 10e^t + \frac{C_1}{-2}e^{-2t} + C_2 \qquad (C_2\ \text{は積分定数})$$

ここで，$\dfrac{C_1}{-2} = C_1{}'$ とおき，両辺を e^t で割ると，

$$T_1 = 10 + C_1{}'e^{-3t} + C_2 e^{-t} \quad \cdots ⑤$$

(8.2 節の未定係数法を用いて T_1 を求めてもよい.)

(step 3) もう片方の未知関数を決める．

⑤式を③式に代入すると，

$$T_2 = \frac{d}{dt}(10 + C_1{}'e^{-3t} + C_2 e^{-t}) + 2(10 + C_1{}'e^{-3t} + C_2 e^{-t}) - 10$$

$$= 10 - C_1{}'e^{-3t} + C_2 e^{-t}$$

を得る. 以上より,

$$\begin{cases} T_1 = 10 + {C_1}' e^{-3t} + C_2 e^{-t} \\ T_2 = 10 - {C_1}' e^{-3t} + C_2 e^{-t} \end{cases} \cdots ⑥$$

(step 4) 積分定数の値を求める.

初期条件 $T_1(0) = 20, T_2(0) = 10$ に注意して, ⑥に $t = 0$ を代入すると,

$$\begin{cases} 20 = 10 + {C_1}' + C_2 \\ 10 = 10 - {C_1}' + C_2 \end{cases}$$

となる. この連立方程式を解くと, ${C_1}' = 5, C_2 = 5$ となる. ゆえに,

$$\begin{cases} T_1 = 10 + 5e^{-3t} + 5e^{-t} \\ T_2 = 10 - 5e^{-3t} + 5e^{-t} \end{cases} \cdots (答)$$

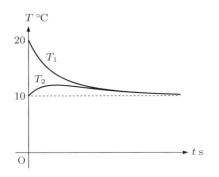

図 11.2 各部屋の気温変化

練習問題 11.2 (Exercise 11.2)

問 1 上の例題において, $\alpha = 9, \beta = 3, \gamma = 1, \delta = 3$ および $T_1(0) = 20, T_2(0) = 10$ としたとき, 連立微分方程式の初期値問題を解け.

第 12 章

陰関数表現

IMPLICIT REPRESENTATION OF FUNCTIONS

　この章では, 関数の陰関数表現に関する基本的な知識を紹介する. この知識は, 次章で完全微分方程式の理論を作り上げるときに必要である. 偏微分の計算が必要になるので, 忘れている読者は復習しておくように.

12.1　陰関数表現 (Implicit Representation of Functions)

　y が x の関数であるとは, $y = (x$ の式$)$ のように表現できることと捉える読者が多い. ところが, 変数 x に何らかの数が入ったときに, 関係式

$$(x^3 + x)(y^3 + y) = 20 \quad \cdots (*)$$

を満たす y の値を対応させることもある. たとえば, $x = 1$ のとき, $(*)$ にこれを代入して,

$$2(y^3 + y) = 20 \quad \Longleftrightarrow \quad (y - 2)(y^2 + 2y + 5) = 0$$

より, 実数解 $y = 2$ が得られる.

　関係式 $(*)$ から $y = (x$ の式$)$ の形 (これを**陽関数表現** (*explicit representation*) という) に書き換えることは至難の業であろう. そこで, x に値が入ると「$(x$ と y の式$) = ($定数$)$」を満たす y が決まると思うことにする.

92   第 12 章　陰関数表現

定義 **12.1.1** (関数 y の陰関数表現 Implicit Representation of Function y)

　2 変数関数 $f(x,y)$ に対して,

$$f(x,y) = (\text{定数})$$

によって与えられる x から y への対応を関数 y の**陰関数表現** (*implicit representation*) という.

Remark. 定義 12.1.1 の陰関数表現において, 一般に x の値が変化すると, それに応じて y の値も変化する. そこで, y が x に依存することを強調するために, y を $y(x)$ と書いて,

$$f(x,y(x)) = (\text{定数})$$

と書くこともある.

―― **例題 (Example)** ――――――――――――――――――――――――

　関数 y の陰関数表現 $(x^3 + x)(y^3 + y) = 20$ に関する次の各問に答えよ.

(1)　$x = 2$ のとき, 実数 y の値を求めよ.

(2)　$x = -1$ のとき, 実数 y の値を求めよ.

解答 Solution (1) $x = 2$ を与えられた陰関数表現に代入して,

$$10(y^3 + y) = 20 \quad \Longleftrightarrow \quad (y-1)(y^2 + y + 2) = 0$$

となる. この方程式の解は, $y = 1, \dfrac{-2 \pm \sqrt{7}i}{2}$ である. したがって, 実数解は $y = 1$ のみ. $\cdots$ (答)

(2) $x = -1$ を与えられた陰関数表現に代入して,

$$-2(y^3 + y) = 20 \quad \Longleftrightarrow \quad (y+2)(y^2 - 2y + 5) = 0$$

となる. この方程式の解は, $y = -2, 1 \pm 2i$ である. したがって, 実数解は $y = -2$ のみ. $\cdots$ (答)

―――――――――――――――――――――――――――――――――――

練習問題 12.1 (Exercise 12.1)

問 1　関数 y の陰関数表現 $y^3 - 2y \sin x = 1$ に関する次の各問に答えよ.

(1)　$x = 0$ のとき, 実数 y の値を答えよ.

(2) $x = \dfrac{\pi}{2}$ のとき, 実数 y の値をすべて答えよ.

(3) $x = \pi$ のとき, 実数 y の値を答えよ.

12.2 陰関数表現から導関数を求める方法 (How to Compute Derivatives)

たとえば, 陰関数表現

$$(x^3 + x)(y^3 + y) = 20$$

によって関数 y が定められているとき, 関数 y のグラフを描くにはどうすればよいだろうか. 高校数学では導関数 $\dfrac{dy}{dx}$ を計算して関数の増減を調べた. したがって, 陰関数表現から導関数 $\dfrac{dy}{dx}$ を求める方法を見出す必要がある.

まず, 具体的な陰関数表現から $\dfrac{dy}{dx}$ を計算する方法を紹介する (数学的には, 最初に y の微分可能性を確認しなければならないが, そこまで深入りしない).

── 例題 (Example) ──────────────

関数 y が陰関数表現 $(x^3 + x)(y^3 + y) = 20$ で与えられているとき, 導関数 $\dfrac{dy}{dx}$ を x, y で表せ.

《解答の方針 (Strategy)》 y が x の式で書かれていると思って,「積の微分公式」や「合成関数の微分公式」を利用する.

解答 Solution 与えられた関係式の両辺を変数 x に関して微分する. 積の微分公式より,

$$\frac{d}{dx}\{(x^3 + x)(y^3 + y)\} = \frac{d20}{dx}$$

$$\iff \frac{d(x^3 + x)}{dx}(y^3 + y) + (x^3 + x)\frac{d(y^3 + y)}{dx} = 0$$

$$\iff (3x^2 + 1)(y^3 + y) + (x^3 + x)\frac{d(y^3 + y)}{dx} = 0$$

94   第 12 章   陰関数表現

ここで, 左辺の $\dfrac{d(y^3+y)}{dx}$ について, 合成関数の微分公式を適用する. つまり,

$$\frac{d(y^3+y)}{dx} = \frac{d(y^3+y)}{dy} \times \frac{dy}{dx}$$

$$= (3y^2+1) \times \frac{dy}{dx}$$

を用いると,

$$(3x^2+1)(y^3+y) + (x^3+x)(3y^2+1) \times \frac{dy}{dx} = 0$$

$$\iff \frac{dy}{dx} = -\frac{(3x^2+1)(y^3+y)}{(x^3+x)(3y^2+1)} \quad \cdots (\text{答})$$

より一般的に, 陰関数表現 $f(x,y) = (\text{定数})$ から導関数 $\dfrac{dy}{dx}$ を計算するときに, 次の定理を利用する.

定理 12.2.1 (陰関数表現から $\dfrac{dy}{dx}$ を求める方法 How to Compute a Derivative)

2 変数関数 $f(x,y)$ は全微分可能とする. 微分可能な関数 $y=y(x)$ が

$$f(x,y) = C \qquad (\text{ただし}, C \text{ は定数})$$

を満たすとき,

$$f_x(x,y) + f_y(x,y) \times \frac{dy}{dx} = 0$$

が成り立ち, これから,

$$\frac{dy}{dx} = -\frac{f_x(x,y)}{f_y(x,y)}$$

となる. ただし, f_x, f_y はそれぞれ 2 変数関数 f の変数 x による偏微分と変数 y による偏微分を表す.

Remark. 2 変数関数 $f(x,y)$ が全微分可能とは, すべての実数 a, b に対して, $f(a+h, b+k)$ が微小な変数 h, k の 1 次式で近似できること. つまり, ある係数 $p(a,b)$, $q(a,b)$ が存在して,

$$f(a+h, b+k) = f(a,b) + p(a,b)h + q(a,b)k + r(h,k)$$

と書いたときに, 余剰項 $r(h, k)$ について,

$$\lim_{(h,k)\to(0,0)} \frac{r(h,k)}{\sqrt{h^2+k^2}} = 0$$

が成り立つことである. 実は, $p(a,b) = f_x(a,b)$, $q(a,b) = f_y(a,b)$ となる. これは, $z = f(x,y)$ のグラフが接平面をもつことを意味している.

【定理 12.2.1 の証明 (Proof of Theorem 12.2.1)】 関係式 $f(x,y) = C$ の両辺を変数 x で微分する. 左辺に合成関数の微分公式 (多変数関数に関するもの) を適用して,

$$\frac{df(x,y)}{dx} = \frac{dC}{dx} \iff \frac{\partial f(x,y)}{\partial x} \times \frac{dx}{dx} + \frac{\partial f(x,y)}{\partial y} \times \frac{dy}{dx} = 0$$

となる. ここで, C は定数なので, $\dfrac{dC}{dx} = 0$ を用いた. 偏微分の記法で, $\dfrac{\partial f}{\partial x}$ を f_x, $\dfrac{\partial f}{\partial y}$ を f_y と書くので,

$$f_x(x,y) + f_y(x,y) \times \frac{dy}{dx} = 0$$

となる. これを式変形して,

$$\frac{dy}{dx} = -\frac{f_x(x,y)}{f_y(x,y)}$$

を得る.

練習問題 12.2 (Exercise 12.2)

問 1 関数 y が陰関数表現 $x^3 + y^3 - 3xy = 1$ で与えられている. この関係式を満たす (x,y) の全体が座標平面上に描く曲線を C とする. このとき, 次の各問に答えよ.
(1) $\dfrac{dy}{dx}$ を x, y で表せ.
(2) 曲線 C 上の点 $(1,0)$ における接線の傾きを求めよ.
(3) 曲線 C 上の点 $(1,0)$ における接線の方程式を求めよ.

問 2 関数 y が陰関数表現 $xe^y + ye^x = 2$ で与えられている. この関係式を満たす (x,y) の全体が座標平面上に描く曲線を C とする. このとき, 次の各問に答えよ.

96   第 12 章　陰関数表現

(1) $\dfrac{dy}{dx}$ を $x,\,y$ で表せ.

(2) 曲線 C 上の点 $(0,2)$ における接線の傾きを求めよ.

(3) 曲線 C 上の点 $(0,2)$ における接線の方程式を求めよ.

12.3　陰関数表現からグラフを描く方法 (How to Sketch a Graph)

陰関数表現 $f(x,y) = ($定数$)$ が与えられたときに, 関数 y のグラフを座標平面上に描くにはどうすればよいだろうか. ここでは, 具体的に陰関数表現 $x^2 + y^2 - xy = 3$ を例に挙げて, グラフの描き方を紹介する.

━━ 例題 (Example) ━━

関数 y が陰関数表現 $x^2 + y^2 - xy = 3$ で与えられているとき, 次の各問に答えよ.

(1) 導関数 $\dfrac{dy}{dx}$ を $x,\,y$ で表せ.

(2) $\dfrac{dy}{dx} = 0$ となる点 (x,y) の全体を座標平面上に図示せよ.

(3) (2) で図示した図形と曲線 $x^2 + y^2 - xy = 3$ との交点を求めよ.

(4) $\dfrac{dy}{dx}$ の値が存在しない ($\dfrac{dy}{dx} = \pm\infty$ となる) 点 (x,y) の全体を座標平面上に図示せよ.

(5) (4) で図示した図形と曲線 $x^2 + y^2 - xy = 3$ との交点を求めよ.

(6) $\dfrac{dy}{dx} > 0$ となる点 (x,y) の全体を座標平面上に図示せよ.

(7) $\dfrac{dy}{dx} < 0$ となる点 (x,y) の全体を座標平面上に図示せよ.

(8) 曲線 $x^2 + y^2 - xy = 3$ の概形を座標平面上に図示せよ.

解答 Solution (1) 陰関数表現の両辺を変数 x で微分して,

$$\frac{d}{dx}(x^2 + y^2 - xy) = \frac{d3}{dx}$$

$$\iff \quad 2x + 2y\frac{dy}{dx} - (1 \times y + x\frac{dy}{dx}) = 0$$

$$\iff \frac{dy}{dx} = \frac{2x-y}{x-2y} \quad \cdots (答)$$

(2) (1) の結果で (分子) $= 0$ になるところなので, $2x - y = 0$ である．これを図示すると, 図 12.1 のようになる．

(3) 連立方程式

$$\begin{cases} 2x - y = 0 & \cdots ① \\ x^2 + y^2 - xy = 3 & \cdots ② \end{cases}$$

を解けばよい．①より,

$$y = 2x \quad \cdots ③$$

③を②に代入して,

$$3x^2 = 3 \iff x = \pm 1.$$

ゆえに, ③より $(1, 2), (-1, -2) \cdots$ (答)

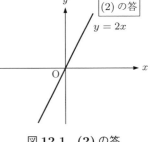

図 12.1　(2) の答

(4) (1) の結果で (分母) $= 0$ になるところなので, $x - 2y = 0$. これを図示すると, 図 12.2 のようになる．

(5) 連立方程式

$$\begin{cases} x - 2y = 0 & \cdots ① \\ x^2 + y^2 - xy = 3 & \cdots ② \end{cases}$$

を解けばよい．①より,

$$x = 2y \quad \cdots ③$$

③を②に代入して,

$$3y^2 = 3 \iff y = \pm 1$$

となる．したがって, ③より $(2, 1), (-2, -1) \quad \cdots$ (答)

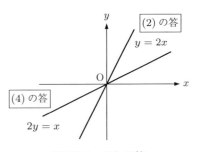

図 12.2　(4) の答

(6)「$2x-y>0$ かつ $x-2y>0$」または「$2x-y<0$ かつ $x-2y<0$」となる領域を図示すればよい．図 12.3 参照．

(7)「$2x-y>0$ かつ $x-2y<0$」または「$2x-y<0$ かつ $x-2y>0$」となる領域を図示すればよい．図 12.3 参照．

(8) 以下の (Step 1) 〜 (Step 4) の手順で曲線を描く．図 12.4 参照．

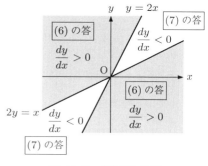

図 12.3　(6)(7) の答

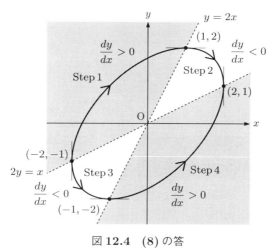

図 12.4　(8) の答

(Step 1)　点 $(-2,-1)$ から点 $(1,2)$ につながる曲線を描くとき，$\dfrac{dy}{dx}>0$ の領域を通過することに注意して，**右肩上がり**の曲線を描く．(点 $(-2,-1)$ において接線の傾きが y 軸に平行になるように，点 $(1,2)$ において接線の傾きが x 軸に平行になるように注意．)

(Step 2)　点 $(1,2)$ から点 $(2,1)$ につながる曲線を描くとき，$\dfrac{dy}{dx}<0$ の領域を通過することに注意して，**右肩下がり**の曲線を描く．(点 $(1,2)$ において接線の傾きが x 軸に平行になるように，点 $(2,1)$ において接線の傾きが y 軸に平行になるように注意．)

12.3 陰関数表現からグラフを描く方法　　99

(Step 3) 点 $(-2, -1)$ から点 $(-1, -2)$ につながる曲線を描くとき, $\dfrac{dy}{dx} < 0$ の領域を通過することに注意して, **右肩下がり**の曲線を描く. (点 $(-2, -1)$ において接線の傾きが y 軸に平行になるように, 点 $(-1, -2)$ において接線の傾きが x 軸に平行になるように注意.)

(Step 4) 点 $(-1, -2)$ から点 $(2, 1)$ につながる曲線を描くとき, $\dfrac{dy}{dx} > 0$ の領域を通過することに注意して, **右肩上がり**の曲線を描く. (点 $(-1, -2)$ において接線の傾きが x 軸に平行になるように, 点 $(2, 1)$ において接線の傾きが y 軸に平行になるように注意.)

練習問題 12.3 (Exercise 12.3)

問 1 関数 y が陰関数表現 $x^2 + 2y^2 - 2xy = 9$ で与えられているとき, 次の各問に答えよ.

(1) $\dfrac{dy}{dx}$ を x, y で表せ.

(2) 座標平面上の曲線 $x^2 + 2y^2 - 2xy = 9$ と曲線 $\dfrac{dy}{dx} = 0$ との交点の座標を求めよ.

(3) 座標平面上の曲線 $x^2 + 2y^2 - 2xy = 9$ 上の点で, $\dfrac{dy}{dx}$ の値が存在しない (x, y) を求めよ.

(4) $\dfrac{dy}{dx} > 0$ となる領域と $\dfrac{dy}{dx} < 0$ となる領域を座標平面上に図示せよ.

(5) 曲線 $x^2 + 2y^2 - 2xy = 9$ の概形を座標平面上に図示せよ.

問 2 関数 y が陰関数表現 $e^{x+y} - x + y = 1$ で与えられているとき, 次の各問に答えよ.

(1) $\dfrac{dy}{dx}$ を x, y で表せ.

(2) 座標平面上の曲線 $e^{x+y} - x + y = 1$ と曲線 $\dfrac{dy}{dx} = 0$ との交点の座標を求めよ.

(3) $\dfrac{dy}{dx} > 0$ となる領域と $\dfrac{dy}{dx} < 0$ となる領域を座標平面上に図示せよ.

(4) 曲線 $e^{x+y} - x + y = 1$ の概形を座標平面上に図示せよ.

第 13 章

完全微分方程式

EXACT DIFFERENTIAL EQUATIONS

この章では,

$$\frac{dy}{dx} = -\frac{3x^2 y^4}{4x^3 y^3 - 1}$$

のように, 変数分離型 (第 2 章参照) でもなく, 同次形 (第 3 章参照) でもなく,
そして, ベルヌーイ型 (第 4 章参照) でもない, 新しい微分方程式を取り扱う.

13.1 完全微分方程式とは？ (What is an Exact Diff. Eq.?)

微分方程式の解は, いつも「$y = (x$ の式)」のように表現できるとは限らな
い. ときには「$(x^3 + x)(y^3 + y) = 20$」や「$e^x y + e^y x = 3$」のように, 陰関数
表現 (第 12 章参照):

$$f(x, y) = C \quad (C \text{ は定数}) \quad \cdots (*)$$

の形で解が表現されることもある.

ここでは, 陰関数表現 $(*)$ によって解が表現されるとき, 関数 $y = y(x)$ がど
のような微分方程式を満たすのか調べよう.

定理 13.1.1 (Diff. Eq. for which the Sol. is Given by an Implicit Form)

全微分可能な 2 変数関数 $f(x,y)$ に対して, 微分可能な関数 $y = y(x)$ が

$$f(x,y) = C \quad (C \text{ は定数})$$

を満たすとする. このとき, 関数 $y = y(x)$ は微分方程式

$$\frac{dy}{dx} = -\frac{f_x(x,y)}{f_y(x,y)} \quad \cdots (**)$$

を満たす. ここで, f_x と f_y はそれぞれ偏導関数 $\dfrac{\partial f}{\partial x}$ と $\dfrac{\partial f}{\partial y}$ を表す.

Remark. 微分 $\dfrac{dy}{dx}$ をあたかも分数式だと思って等式 $(**)$ を式変形し,

$$f_x(x,y)dx + f_y(x,y)dy = 0$$

と書くこともある. この表現の方が後の式変形を覚えるときに便利である.

【定理 13.1.1 の証明 (Proof of Theorem 13.1.1)】 等式 $f(x,y) = C$ の両辺を変数 x で微分する. 定理 12.2.1 と $\dfrac{dC}{dx} = 0$ より,

$$f_x(x,y) + f_y(x,y) \times \frac{dy}{dx} = 0 \iff \frac{dy}{dx} = -\frac{f_x(x,y)}{f_y(x,y)}$$

となる. ∎

例題 (Example)

微分可能な関数 $y = y(x)$ が

$$x^3 + y^3 - 3xy = 3$$

を満たすとする. このとき, y が満たす微分方程式を求めよ.

解答 Solution 関係式 $x^3 + y^3 - 3xy = 3$ の両辺を変数 x で微分すると,

$$3x^2 + 3y^2\frac{dy}{dx} - 3(y + x\frac{dy}{dx}) = 0$$

$$\iff \frac{dy}{dx} = \frac{x^2 - y}{x - y^2} \quad \cdots (答)$$

定理 13.1.1 から次のことに気付いてほしい. 微分方程式

$$\frac{dy}{dx} = -\frac{P(x,y)}{Q(x,y)} \quad (\text{あるいは } P(x,y)dx + Q(x,y)dy = 0)$$

102　第 13 章　完全微分方程式

について, 2 変数関数 $P(x, y)$ と $Q(x, y)$ が

$$P(x, y) = f_x(x, y), \quad Q(x, y) = f_y(x, y)$$

のように $f(x, y)$ の偏微分で表されるならば, 解 $y = y(x)$ は陰関数表現

$$f(x, y) = C \quad (C \text{ は定数})$$

をもつ. このように比較的簡単に解の陰関数表現が得られる微分方程式 $P(x, y)dx + Q(x, y)dy = 0$ を**完全微分方程式**または**完全微分形方程式** (*exact differential equation*) という. 完全微分方程式のもっと正確な定義は次のとおり.

> **定義 13.1.2 (完全微分方程式 Exact Differential Equation)**
>
> 微分方程式
>
> $$P(x, y)dx + Q(x, y)dy = 0 \quad (\iff \quad \frac{dy}{dx} = -\frac{P(x, y)}{Q(x, y)}) \quad \cdots (\star)$$
>
> について, 2 変数関数 $P(x, y)$ と $Q(x, y)$ が 1 つの関数 $f(x, y)$ を用いて,
>
> $$P(x, y) = f_x(x, y), \quad Q(x, y) = f_y(x, y)$$
>
> と書くことができるとき, $(\star)$ を「**完全微分方程式** または **完全微分形方程式** (*exact differential equation*)」という.

Remark. 微分方程式 $P(x, y)dx + Q(x, y)dy = 0$ が完全微分方程式であるとき, $P(x, y) = f_x(x, y)$ かつ $Q(x, y) = f_y(x, y)$ となる 2 変数関数 $f(x, y)$ をうまく見つけることができれば,

$$f(x, y) = C \quad (C \text{ は定数})$$

が解 (の陰関数表現) になる.

練習問題 13.1 (Exercise 13.1)

問 1 関数 y が関係式 $x^2 + 2y^2 - 2xy = 12$ を満たすとする. 次の各問に答えよ.

(1) y が満たす微分方程式を求めよ.

(2) (1) の微分方程式を

$$\boxed{\text{(a)}} dx + (2y - x)dy = 0$$

と書くとき, 空欄 (a) に入る数式を答えよ.

問 2 関数 y が関係式 $xe^y + ye^x = 3$ を満たすとする. 次の各問に答えよ.

(1) y が満たす微分方程式を求めよ.

(2) (1) の微分方程式を

$$(e^y + ye^x)dx + \boxed{} \, dy = 0$$

と書くとき, 空欄 (a) に入る数式を答えよ.

13.2 完全微分方程式かどうかを判定する方法 (How to Decide it's an Exact Diff. Eq.)

ここでは, $P(x,y)dx + Q(x,y)dy = 0$ が完全微分方程式かどうか手軽に判定する方法を紹介する.

定理 13.2.1 (How to Decide it's an Exact Diff. Eq.)

2 変数関数 $P(x,y)$ と $Q(x,y)$ は, すべての実数 x, y に対して偏微分可能とする. さらに, 偏導関数 $P_x(x,y)$, $P_y(x,y)$, $Q_x(x,y)$ および $Q_y(x,y)$ はすべて連続関数とする. このとき,

$$P(x,y)dx + Q(x,y)dy = 0 \text{ が完全微分方程式}$$
$$\iff \quad P_y(x,y) = Q_x(x,y).$$

証明 Proof ($\Longrightarrow$) ある 2 変数関数 $f(x,y)$ を用いて,

$$P(x,y) = f_x(x,y), \quad Q(x,y) = f_y(x,y) \quad \cdots ①$$

と書くことができる. $P(x,y)$ と $Q(x,y)$ の仮定より, $f_{xy}(x,y)$ と $f_{yx}(x,y)$ が存在して, これらの 2 次偏導関数はともに連続であるから, 関数 $f(x,y)$ の 2 回偏微分の順番を気にしなくてもよいので,

$$f_{xy}(x,y) = f_{yx}(x,y) \quad \cdots ②$$

となる (詳しくは, 多変数関数の高次偏導関数の単元を書籍で調べるとよい).

104   第13章　完全微分方程式

①と②より，

$$P_y(x,y) = f_{xy}(x,y) = f_{yx}(x,y) = Q_x(x,y)$$

となる．

($\Longleftarrow$) $F(x,y) = \displaystyle\int_0^x P(t,y)\,dt$ (y を定数扱いして，変数 t で積分している）と
おく．すると，

$$
\begin{aligned}
F_y(x,y) &= \frac{\partial}{\partial y}\int_0^x P(t,y)\,dt \\
&= \int_0^x P_y(t,y)\,dt.
\end{aligned}
$$

ここで，仮定「$P_y(x,y) = Q_x(x,y)$」を用いると，

$$
\begin{aligned}
&= \int_0^x Q_x(t,y)\,dt \\
&= Q(x,y) - Q(0,y).
\end{aligned}
$$

したがって，

$$
\begin{aligned}
Q(x,y) &= F_y(x,y) + Q(0,y) \\
&= \frac{\partial}{\partial y}\left(F(x,y) + \int_0^y Q(0,u)\,du\right)
\end{aligned}
$$

となる．$f(x,y) = F(x,y) + \displaystyle\int_0^y Q(0,u)du$ とおくと，

$$Q(x,y) = f_y(x,y) \quad \cdots ③$$

となる．冒頭の取り決め $F(x,y) = \displaystyle\int_0^x P(t,y)\,dt$ から $F_x(x,y) = P(x,y)$ で
あること，そして，$\displaystyle\int_0^y Q(0,u)\,du$ は変数 x に依存しないことに注意すると，

$$
\begin{aligned}
f_x(x,y) &= F_x(x,y) + \frac{\partial}{\partial x}\int_0^y Q(0,u)\,du \\
&= P(x,y) + 0 \\
&= P(x,y) \quad \cdots ④
\end{aligned}
$$

となる．③と④から ($\Longleftarrow$) の主張が証明できた．

13.2 完全微分方程式かどうかを判定する方法 **105**

例題 (Example)

次の微分方程式が完全微分方程式かどうかそれぞれ判定せよ.

(1) $(e^y - ye^x)dx + (xe^y - e^x)dy = 0$

(2) $(3x + 3e^y)dx - xe^y dy = 0$

解答 Solution (1) $P(x,y) = e^y - ye^x$, $Q(x,y) = xe^y - e^x$ と見て, 定理
13.2.1 の等式 $P_y = Q_x$ が成り立つかどうか確かめる. 偏微分の計算を正しく
行うと,

$$P_y(x,y) = \frac{\partial(e^y - ye^x)}{\partial y} = e^y - e^x,$$

$$Q_x(x,y) = \frac{\partial(xe^y - e^x)}{\partial x} = e^y - e^x.$$

$P_y = Q_x$ が成り立つので, 定理 13.2.1 より, これは完全微分方程式である.

(2) $P(x,y) = 3x + 3e^y$, $Q(x,y) = -xe^y$ (符号に注意) と見て, 定理 13.2.1 の
等式 $P_y = Q_x$ が成り立つかどうか確かめる.

$$P_y(x,y) = \frac{\partial(3x + 3e^y)}{\partial y} = 3e^y,$$

$$Q_x(x,y) = \frac{\partial(-xe^y)}{\partial x} = -e^y$$

より, $P_y \neq Q_x$. 定理 13.2.1 より, これは完全微分方程式ではない. ▮

練習問題 13.2 (Exercise 13.2)

問 1 次の微分方程式が完全微分方程式かどうかそれぞれ判定せよ.

(1) $(e^y + ye^x)dx + (xe^y + e^x)dy = 0$

(2) $y^3 dx + (x + y)dy = 0$

(3) $(x - y)dx - (x - 2y)dy = 0$ (Remark. 符号に注意.)

106   第 13 章   完全微分方程式

13.3   完全微分方程式の解法 (Method of the Solution)

例題を通して, 完全微分方程式の解法を身につけよう.

例題 (Example)

微分方程式 $\dfrac{dy}{dx} = -\dfrac{3x^2y^4}{4x^3y^3 - 1}$ を満たす解 (の陰関数表現) を求めよ.

解答 Solution   与えられた微分方程式を分数式の計算のように式変形して,

$$(与式) \iff \underbrace{3x^2y^4}_{P(x,y)}\,dx + \underbrace{(4x^3y^3 - 1)}_{Q(x,y)}\,dy = 0 \quad \cdots ①$$

と書く.

(Step 1) 微分方程式①が完全微分方程式かどうかを確認.

偏導関数 P_y と Q_x を計算して,

$$P_y(x, y) = \frac{\partial(3x^2y^4)}{\partial y} = 12x^2y^3,$$

$$Q_x(x, y) = \frac{\partial(4x^3y^3 - 1)}{\partial x} = 12x^2y^3$$

となるので,「$P_y = Q_x$」が成り立つ. したがって, 定理 13.2.1 より, 微分方程式①は完全微分方程式である.

(Step 2) $P(x, y) = f_x(x, y)$, $Q(x, y) = f_y(x, y)$ となる 2 変数関数 $f(x, y)$ を探す.

$$\begin{cases} 3x^2y^4 = f_x(x, y) & \cdots ② \\ 4x^3y^3 - 1 = f_y(x, y) & \cdots ③ \end{cases}$$

とおく. ②式の両辺を (y を定数扱いして) 変数 x で積分すると,

$$f(x, y) = \int 3x^2y^4\,dx$$

$$= x^3y^4 + C(y) \quad \cdots ④$$

13.3 完全微分方程式の解法 *107*

となる. ここで, $C(y)$ は変数 y のみで書かれる関数である. ④を③に代入して,

$$4x^3y^3 - 1 = 4x^3y^3 + \frac{dC(y)}{dy} \iff \frac{dC(y)}{dy} = -1$$

$$\iff C(y) = \int (-1)\,dy = -y + D \ (D \text{ は定数})$$

を得る. これを④に代入して,

$$f(x, y) = x^3y^4 - y + D$$

となる. したがって, 与えられた微分方程式の解 (の陰関数表現) は,

$$x^3y^4 - y + D = C \quad (C \text{ は定数}) \iff x^3y^4 - y = C - D$$

ここで, $C - D$ は定数なので, これを C' とおくと,

$$x^3y^4 - y = C'. \quad \cdots (答)$$

練習問題 13.3 (Exercise 13.3)

問 1 次の微分方程式を解け.

(1) $\dfrac{dy}{dx} = -\dfrac{x^2 - y}{y^2 - x}$

(2) $\dfrac{dy}{dx} = -\dfrac{e^y + ye^x}{xe^y + e^x}$

(3) $\dfrac{dy}{dx} = \dfrac{\cos x + \cos y}{x \sin y}$

問 2 次の微分方程式の初期値問題を解け.

(1) $\dfrac{dy}{dx} = -\dfrac{x^3 - y}{y^3 - x},\ y(1) = 0$

(2) $\dfrac{dy}{dx} = -\dfrac{ye^x}{e^x + e^y},\ y(0) = 0$

(3) $\dfrac{dy}{dx} = \dfrac{y^2 \sin x}{2y \cos x + \cos y},\ y(0) = 0$

13.4 完全微分方程式の応用 (Application)

完全微分方程式の解き方を理解できるようになると，以下に紹介するように，流れる水面上を航行するボートの軌跡を求めることができる．

例題 (Example)

静水上でエンジンをかけると $2\,\mathrm{m/s}$ の速さで走る小さいボート B がある．座標平面の原点 O を中心として時計回りに同心円状の渦を巻く水流があり，原点 O からの距離 $r\,\mathrm{m}$ の地点 P において，水の流速は $r^3\,\mathrm{m/s}$ とする．最初，点 $(0,10)$ の位置にボート B がいて，この水流の上をボート B がエンジンをかけて移動する．ボート B の舳先が常に x 軸に垂直

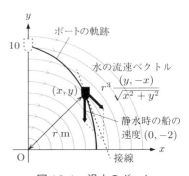

図 13.1　渦中のボート

で y 軸負の向きを向くように運転するとき，次の各問に答えよ．

(1) 陸にいる人から見て，位置 (x,y) にいるボート B の速度は，x 軸に垂直な速度 $(0,-2)$ と渦の速度とのベクトル和になるとする．このとき，$\dfrac{dy}{dx}$ を x, y で表せ．

(2) (1) で求めた微分方程式の解を求めよ．($x=0$ のとき $y=10$ であることに注意．)

解答 Solution　(1) 位置 (x,y) (原点 O からの距離 $r=\sqrt{x^2+y^2}$) における水の速度は，水が回る向きに注意して，

$$r^3\frac{(y,-x)}{r}=r^2(y,-x)=((x^2+y^2)y,-(x^2+y^2)x)$$

となる．したがって，陸にいる人から見るとボート B の速度は，

$$(0,-2)+((x^2+y^2)y,-(x^2+y^2)x)$$
$$=((x^2+y^2)y,-(x^2+y^2)x-2)\quad\cdots\text{①}$$

となる．ボート B が描く曲線上の位置 (x,y) における接線の方向ベクトルは

$(1, \dfrac{dy}{dx})$ で, これが速度ベクトル①と平行になるので,

$$1 : \frac{dy}{dx} = (x^2 + y^2)y : \{-(x^2 + y^2)x - 2\}$$

$$\Longleftrightarrow \quad \frac{dy}{dx} = \frac{-(x^2 + y^2)x - 2}{(x^2 + y^2)y} \quad \cdots (答)$$

(2) (1) で得られた微分方程式は, 変数分離型 (第 2 章) でも, 同次形 (第 3 章)
でも, ベルヌーイ型 (第 4 章) でもない. そこで, 完全微分方程式の解法を適用
できるかどうか調べる. この微分方程式を分数式の計算のように変形すると,

$$\underbrace{\{(x^2 + y^2)x + 2\}}_{P(x,y)} dx + \underbrace{(x^2 + y^2)y}_{Q(x,y)} dy = 0 \quad \cdots ②$$

となる.

(Step 1) 微分方程式②が完全微分方程式かどうかを確認.

$$\frac{\partial P}{\partial y} = \frac{\partial \{(x^2 + y^2)x + 2\}}{\partial y} = 2xy,$$

$$\frac{\partial Q}{\partial x} = \frac{\partial (x^2 + y^2)y}{\partial x} = 2xy.$$

$P_y = Q_x$ が成り立つので, 定理 12.2.1 より, ②は完全微分方程式である.

(Step 2) $P(x, y) = f_x(x, y),\ Q(x, y) = f_y(x, y)$ となる 2 変数関数
$f(x, y)$ を探す.

$$\begin{cases} (x^2 + y^2)x + 2 = f_x(x, y) & \cdots ③ \\ (x^2 + y^2)y = f_y(x, y) & \cdots ④ \end{cases}$$

とおく. ③より, y を定数扱いして変数 x で積分すると,

$$f(x, y) = \int \{(x^2 + y^2)x + 2\} \, dx$$

$$= \frac{x^4}{4} + \frac{x^2 y^2}{2} + 2x + C(y). \quad \cdots ⑤$$

110　第 13 章　完全微分方程式

ただし, $C(y)$ は y のみに依存する関数である. ⑤を④に代入して,

$$x^2 y + y^3 = x^2 y + \frac{dC(y)}{dy} \iff \frac{dC(y)}{dy} = y^3$$

$$\iff C(y) = \int y^3 \, dy$$

$$\iff C(y) = \frac{y^4}{4} + C$$

これを⑤に代入して,

$$f(x, y) = \frac{x^4}{4} + \frac{x^2 y^2}{2} + 2x + \frac{y^4}{4} + C$$

となる. ゆえに一般解は,

$$\frac{x^4}{4} + \frac{x^2 y^2}{2} + 2x + \frac{y^4}{4} + C = D \iff \frac{x^4}{4} + \frac{x^2 y^2}{2} + 2x + \frac{y^4}{4} = C'$$

ただし, $C' = D - C$ とおいた.

(Step 3) 定数 C' の値を決める.

問題文の条件より, $x = 0$ のとき $y = 10$ なので, これを (Step 2) の結果に代入すると,

$$\frac{0^4}{4} + \frac{0^2 \times 10^2}{2} + 2 \times 0 + \frac{10^4}{4} = C' \iff C' = 2500$$

となる. ゆえに, 解 (の陰関数表現) は,

$$\frac{x^4}{4} + \frac{x^2 y^2}{2} + 2x + \frac{y^4}{4} = 2500 \quad \cdots (答)$$

練習問題 13.4 (Exercise 13.4)

問 1　静水上でエンジンをかけると $3\,\mathrm{m/s}$ の速さで走る小さいボート B がある. 座標平面の原点 O を中心として時計回りに同心円状の渦を巻く水流があり, 原点 O からの距離 $r\,\mathrm{m}$ の地点 P において, 水の流速は $r^3\,\mathrm{m/s}$ とする. 最初, 点 $(0, 10)$ の位置にボート B がいて, この水流の上をボート B がエンジンをかけて移動する. ボート B の軸先が常に x 軸に垂直で y 軸負の向きを向くように運転するとき, 次の各問に答えよ.

(1) 陸にいる人から見て，位置 (x,y) にいるボート B の速度は，x 軸に垂直な速度 $(0,-3)$ と渦の速度とのベクトル和になるとする．このとき，$\dfrac{dy}{dx}$ を x, y で表せ．

(2) (1) で求めた微分方程式の解を求めよ．($x=0$ のとき $y=10$ であることに注意．)

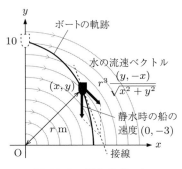

図 **13.2** 渦中のボート

第 14 章

不完全微分方程式

INEXACT DIFFERENTIAL EQUATIONS

この章では, 微分方程式

$$P(x,y)dx + Q(x,y)dy = 0 \quad (\Longleftrightarrow \frac{dy}{dx} = -\frac{P(x,y)}{Q(x,y)})$$

で, 「$P_y(x,y)$ と $Q_x(x,y)$ が一致しないもの」を取り扱う. このような微分方程式を**不完全微分方程式** または **不完全微分形方程式** (*inexact differential equation*) という.

不完全微分方程式であっても, 両辺に適切な 2 変数関数 $\lambda(x,y)$ を掛けたもの, つまり,

$$\lambda(x,y)P(x,y)dx + \lambda(x,y)Q(x,y)dy = 0$$

$$(\Longleftrightarrow \frac{dy}{dx} = -\frac{\lambda(x,y)P(x,y)}{\lambda(x,y)Q(x,y)})$$

が, 完全微分方程式になることがある. このとき, 2 変数関数 $\lambda(x,y)$ を**積分因子** (*integrating factor*) という.

この章では, 積分因子を用いて, 不完全微分方程式を解く方法を紹介する.

14.1 不完全微分方程式の解法 *113*

14.1 不完全微分方程式の解法 (Method of the Solution)

例題を通して不完全微分方程式の解法を身につけよう.

例題 (Example)

微分方程式 $\dfrac{dy}{dx} = -\dfrac{y}{2x+4y^2}$ を満たす解 (の陰関数表現) を求めよ.

解答 Solution 与えられた微分方程式を分数式の計算のように変形して,

$$(与式) \iff \underbrace{y}_{P(x,y)}\,dx + \underbrace{(2x+4y^2)}_{Q(x,y)}\,dy = 0 \quad \cdots ①$$

と書く.

(Step 1) 微分方程式①が完全微分方程式かどうかを確認.

$$P_y(x,y) = \frac{\partial y}{\partial y} = 1,$$

$$Q_x(x,y) = \frac{\partial(2x+4y^2)}{\partial x} = 2$$

から,「$P_y \neq Q_x$」となる. ゆえに, 微分方程式①は不完全微分方程式である.

(Step 2) ①の両辺に **2 変数関数 $\lambda(x,y)$** を掛けて, 完全微分方程式にする.

微分方程式①の両辺に $\lambda(x,y)$ を掛けると,

$$\underbrace{\lambda(x,y) \times y}_{\lambda(x,y)\times P(x,y)}\,dx + \underbrace{\lambda(x,y) \times (2x+4y^2)}_{\lambda(x,y)\times Q(x,y)}\,dy = 0 \quad \cdots ②$$

となる. 微分方程式②が完全微分方程式になるためには, 定理 13.2.1 より,

$$\frac{\partial(\lambda \times P)}{\partial y} = \frac{\partial(\lambda \times Q)}{\partial x}$$

が成り立つように積分因子 $\lambda(x,y)$ を見つければよい. つまり, いまの場合,

$$\frac{\partial(\lambda \times y)}{\partial y} = \frac{\partial\{\lambda \times (2x+4y^2)\}}{\partial x}$$

$$\iff \frac{\partial \lambda}{\partial y} \times y + \lambda \times 1 = \frac{\partial \lambda}{\partial x} \times (2x+4y^2) + \lambda \times 2$$

$$\iff \frac{\partial \lambda}{\partial y} \times y - \frac{\partial \lambda}{\partial x} \times (2x+4y^2) = \lambda \quad \cdots ③$$

114   第 14 章　不完全微分方程式

を満たす $\lambda(x, y)$ を求める. 次の経験則に基づいて, 積分因子 $\lambda(x, y)$ を求める.

- $\boldsymbol{\lambda(x, y)}$ **が変数** $\boldsymbol{x}$ **だけの関数と仮定する.** $\dfrac{\partial \lambda}{\partial y} = 0$ だから, ③より,

$$-\frac{\partial \lambda(x)}{\partial x} \times (2x + 4y^2) = \lambda(x)$$

となる. しかし, この関係式から左辺の y を消すことができないので, このやり方はうまくいかない.

- $\boldsymbol{\lambda(x, y)}$ **が変数** $\boldsymbol{y}$ **だけの関数と仮定する.** $\dfrac{\partial \lambda}{\partial x} = 0$ だから, ③より,

$$\frac{\partial \lambda(y)}{\partial y} \times y = \lambda(y)$$

となる. これは, 両辺に x が入らないので, うまくいきそうである. この微分方程式を変数分離型 (第 2 章参照) の方法で解くと,

$$\int \frac{1}{\lambda} \, d\lambda = \int \frac{1}{y} \, dy \iff \log|\lambda| = \log|y| + C$$

$$\iff \log|\lambda| = \log(|y|e^C)$$

$$\iff |\lambda| = e^C|y|$$

$$\iff \lambda = \pm e^C y = Dy \ (D = \pm e^C \text{ とおいた})$$

定数 D は 0 以外なら何でもよいので, たとえば $D = 1$ として, $\lambda = y$ とする (積分因子が決定).

(Step 3) $\boldsymbol{\lambda \times P(x, y) = f_x(x, y)}$**,** $\boldsymbol{\lambda \times Q(x, y) = f_y(x, y)}$ **となる 2 変数関数** $\boldsymbol{f(x, y)}$ **を探す.**

微分方程式②に $\lambda = y$ を代入することで,

$$\begin{cases} y^2 = f_x(x, y) & \cdots ④ \\ y(2x + 4y^2) = f_y(x, y) & \cdots ⑤ \end{cases}$$

とおく. ④式の両辺を (y を定数扱いして) 変数 x で積分すると,

$$f(x, y) = \int y^2 \, dx = xy^2 + C(y) \quad \cdots ⑥$$

14.1 不完全微分方程式の解法 **115**

となる. ここで, $C(y)$ は変数 y のみで書かれる関数である. ⑥を⑤に代入して,

$$2xy + 4y^3 = 2xy + \frac{dC(y)}{dy} \iff \frac{dC(y)}{dy} = 4y^3$$

$$\iff C(y) = \int 4y^3 \, dy = y^4 + E \ (E \text{ は定数})$$

を得る. これを⑥に代入して,

$$f(x, y) = xy^2 + y^4 + E$$

となる. したがって, 与えられた微分方程式の解 (の陰関数表現) は,

$$xy^2 + y^4 + E = C \ (C \text{ は定数}) \iff xy^2 + y^4 = C - E$$

ここで, $C - E$ は定数なので, これを C' とおくと,

$$xy^2 + y^4 = C'. \quad \cdots (\text{答})$$

Remark. 例題の解答 (Step 2) において積分因子 $\lambda(x, y)$ を探すときに, λ が変数 x のみの関数か変数 y のみの関数であることを仮定した. 一般には, この仮定で積分因子が求まらないこともある. こんなときには,「1 階の偏微分方程式の解法」を適用する必要がある. しかし, それを取り扱うことは, この教科書のレベルを超えることである.

練習問題 14.1 (Exercise 14.1)

問 1 次の微分方程式を解け.

(1) $\dfrac{dy}{dx} = \dfrac{2xy}{10y^2 - 3x^2}$ $\qquad$ (2) $\dfrac{dy}{dx} = -\dfrac{2(e^x + e^y)}{xe^y}$

問 2 次の微分方程式の初期値問題を解け.

(1) $\dfrac{dy}{dx} = -\dfrac{5x + 4y^3}{3xy^2}, \ y(1) = 1$

(2) $\dfrac{dy}{dx} = -\dfrac{e^x + 2e^y}{e^x + 4xe^y}, \ y(0) = 0$

14.2 不完全微分方程式の応用 (Application)

流れる水面上を航行するボートの軌跡を求めるときに, 不完全微分方程式が登場することがある.

--- 例題 (Example) ---

静水上でエンジンをかけると $2\,\mathrm{m/s}$ の速さで走る小さいボート B がある. 座標平面の x 軸に平行に流れる水流があり, 地点 P (x, y) において水の速度は x 軸の方向を正の向きとして $2y\,\mathrm{m/s}$ である. 最初, 点 $(0, 10)$ の位置にボート B がいて, この流れの上をボート B がエンジンをかけて移動する. ボート B の舳先が常に原点 O を向くように運転するとき, 次の各問に答えよ.

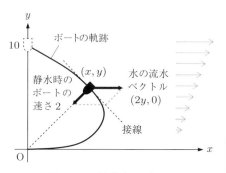

図 14.1　流水上のボート

(1) 陸にいる人から見て, 位置 (x, y) にいるボート B の速度は, 原点 O に向かう速度 $-2\dfrac{(x, y)}{\sqrt{x^2+y^2}}$ と水の速度 $(2y, 0)$ とのベクトル和になる. このとき, ボート B が描く曲線を表す関数 $y = y(x)$ はどんな微分方程式を満たすか.

(2) (1) で求めた微分方程式の解を $y > 0$ の範囲で求めよ. ($x = 0$ のとき $y = 10$ であることに注意.)

解答 Solution (1) 陸上で立っている人から見るとボート B の速度は,

$$-2\frac{(x,y)}{\sqrt{x^2+y^2}} + (2y, 0) = \left(-\frac{2x}{\sqrt{x^2+y^2}} + 2y,\ -\frac{2y}{\sqrt{x^2+y^2}}\right) \quad \cdots ①$$

となる. ボート B が描く曲線上の位置 (x, y) における接線の方向ベクトルは $(1, \dfrac{dy}{dx})$ で, これが速度ベクトル①と平行になるから,

$$1 : \frac{dy}{dx} = -\frac{2x}{\sqrt{x^2 + y^2}} + 2y : -\frac{2y}{\sqrt{x^2 + y^2}}$$

$$\iff \quad \frac{2y}{\sqrt{x^2 + y^2}} dx + \left(-\frac{2x}{\sqrt{x^2 + y^2}} + 2y \right) dy = 0 \quad \cdots (答)$$

(2) (1) の微分方程式が完全微分方程式かどうか調べる.

$$\underbrace{\frac{2y}{\sqrt{x^2 + y^2}}}_{P(x,y)} dx + \underbrace{\left(-\frac{2x}{\sqrt{x^2 + y^2}} + 2y \right)}_{Q(x,y)} dy = 0 \quad \cdots ②$$

と見ることにする.

(Step 1) 微分方程式②が完全微分方程式かどうかを確認.

$$\frac{\partial P}{\partial y} = \frac{\partial}{\partial y} \left(\frac{2y}{\sqrt{x^2 + y^2}} \right) = \frac{2x^2}{(x^2 + y^2)^{3/2}},$$

$$\frac{\partial Q}{\partial x} = \frac{\partial}{\partial x} \left(-\frac{2x}{\sqrt{x^2 + y^2}} + 2y \right) = -\frac{2y^2}{(x^2 + y^2)^{3/2}}$$

より, $P_y \neq Q_x$ である. ゆえに, 微分方程式②は完全微分方程式ではない.

(Step 2) 微分方程式②の両辺に積分因子 $\lambda(x, y)$ を掛けて, 完全微分方程式にする.

微分方程式②の両辺に $\lambda(x, y)$ を掛けると,

$$\underbrace{\lambda(x,y) \times \frac{2y}{\sqrt{x^2 + y^2}}}_{\lambda(x,y) \times P(x,y)} dx + \underbrace{\lambda(x,y) \times \left(-\frac{2x}{\sqrt{x^2 + y^2}} + 2y \right)}_{\lambda(x,y) \times Q(x,y)} dy = 0 \quad \cdots ③$$

となる. 微分方程式③が完全微分方程式になるためには, 定理 12.2.1 より,

$$\frac{\partial (\lambda \times P)}{\partial y} = \frac{\partial (\lambda \times Q)}{\partial x}$$

118　第14章　不完全微分方程式

が成り立つように積分因子 $\lambda(x, y)$ を見つければよい. つまり, いまの場合,

$$\frac{\partial}{\partial y}\left(\lambda \times \frac{2y}{\sqrt{x^2+y^2}}\right) = \frac{\partial}{\partial x}\left\{\lambda \times \left(-\frac{2x}{\sqrt{x^2+y^2}}+2y\right)\right\}$$

$$\Longleftrightarrow \quad \frac{\partial\lambda}{\partial y} \times \frac{2y}{\sqrt{x^2+y^2}} + \lambda \times \frac{2x^2}{(x^2+y^2)^{3/2}}$$

$$= \frac{\partial\lambda}{\partial x} \times \left(-\frac{2x}{\sqrt{x^2+y^2}}+2y\right) - \lambda \times \frac{2y^2}{(x^2+y^2)^{3/2}}$$

$$\Longleftrightarrow \quad \frac{\partial\lambda}{\partial y} \times 2y + 2\lambda = \frac{\partial\lambda}{\partial x} \times (-2x+2y\sqrt{x^2+y^2}) \quad \cdots ④$$

を満たす $\lambda(x, y)$ を求める. ここで, $\lambda(x, y)$ が変数 y だけの関数と仮定する. このとき, $\frac{\partial\lambda}{\partial x} = 0$ だから, ④より,

$$\frac{\partial\lambda(y)}{\partial y} \times 2y + 2\lambda(y) = 0$$

となる. これは, 両辺に x を含まないので, うまくいきそうである. この微分方程式を変数分離型 (第2章参照) の方法で解くと,

$$\int \frac{1}{\lambda}\,d\lambda = -\int \frac{1}{y}\,dy \quad \Longleftrightarrow \quad \log|\lambda| = -\log|y| + C$$

$$\Longleftrightarrow \quad \log|\lambda| = \log(|y|^{-1}e^C)$$

$$\Longleftrightarrow \quad |\lambda| = e^C|y|^{-1}$$

$$\Longleftrightarrow \quad \lambda = \pm\frac{e^C}{y} = \frac{D}{y} \quad (D = \pm e^C \text{ とおいた})$$

定数 D は 0 以外なら何でもよいので, たとえば $D = 1$ として, $\lambda = \dfrac{1}{y}$ とする.

(Step 3) $\lambda(x, y)P(x, y) = f_x(x, y)$, $\lambda(x, y)Q(x, y) = f_y(x, y)$ となる 2 変数関数 $f(x, y)$ を探す.

$$\begin{cases} \dfrac{2}{\sqrt{x^2+y^2}} = f_x(x, y) & \cdots ⑤ \\ -\dfrac{2x}{y\sqrt{x^2+y^2}}+2 = f_y(x, y) & \cdots ⑥ \end{cases}$$

とおく. ⑤より, y を定数扱いして変数 x で積分すると,

$$f(x, y) = \int \frac{2}{\sqrt{x^2 + y^2}} \, dx$$

ここで, $x = \dfrac{y}{2}\left(t - \dfrac{1}{t}\right)$ $(t > 0)$ とおいて置換積分すると,

$$= \int \frac{2}{\sqrt{y^2 \left(\frac{t+\frac{1}{t}}{2}\right)^2}} \times y \frac{1 + \frac{1}{t^2}}{2} \, dt$$

$$= \int \frac{2}{t} \, dt$$

$$= 2 \log t + C(y)$$

ただし, $C(y)$ は y のみに依存する関数である. t を x, y で表現するために,

$$x = \frac{y}{2}\left(t - \frac{1}{t}\right) \iff yt^2 - 2xt - y = 0$$

$$\iff t = \frac{x \pm \sqrt{x^2 + y^2}}{y} \quad \text{(解の公式より)}$$

いま, $t > 0$ なので, マイナスの方を捨てる. ゆえに,

$$f(x, y) = 2 \log\left(\frac{x + \sqrt{x^2 + y^2}}{y}\right) + C(y) \quad \cdots ⑦$$

⑦を⑥に代入して,

$$-\frac{2x}{y\sqrt{x^2 + y^2}} + 2 = -\frac{2x}{y\sqrt{x^2 + y^2}} + \frac{dC(y)}{dy} \iff \frac{dC(y)}{dy} = 2$$

$$\iff C(y) = 2y + C$$

これを⑦に代入して,

$$f(x, y) = 2 \log\left(\frac{x + \sqrt{x^2 + y^2}}{y}\right) + 2y + C$$

となる. ゆえに一般解は,

$$2 \log\left(\frac{x + \sqrt{x^2 + y^2}}{y}\right) + 2y + C = D$$

$$\iff 2 \log\left(\frac{x + \sqrt{x^2 + y^2}}{y}\right) + 2y = C'$$

120   第 14 章   不完全微分方程式

ただし, $C' = D - C$ とおいた.

(Step 4) 定数 C' の値を決める.

問題文の条件より, $x = 0$ のとき $y = 10$ なので, これを (Step 3) の結果に代入すると, $C' = 20$ となる. ゆえに, 解は,

$$2 \log \left(\frac{x + \sqrt{x^2 + y^2}}{y} \right) + 2y = 20$$

$$\iff \log \left(\frac{x + \sqrt{x^2 + y^2}}{y} \right) + y = 10. \quad \cdots (\text{答})$$

練習問題 14.2 (Exercise 14.2)

問 1 静水上でエンジンをかけると $4\,\mathrm{m/s}$ の速さで走る小さいボート B がある. 座標平面の x 軸に平行に流れる水流があり, 地点 P (x, y) において水の速度は x 軸の方向を正の向きとして $6y\,\mathrm{m/s}$ である. 最初, 点 $(0, 10)$ の位置にボート B がいて, この流れの上をボート B がエンジンをかけて移動する. ボート B の舳先が常に原点 O を向くように運転するとき, 次の各問に答えよ.

(1) 陸にいる人から見て, 位置 (x, y) にいるボート B の速度は, 原点 O に向かう速度 $-4\dfrac{(x, y)}{\sqrt{x^2 + y^2}}$ と水の速度 $(6y, 0)$ とのベクトル和になる. このとき, ボート B が描く曲線を表す関数 $y = y(x)$ は,

$$\frac{4y}{\sqrt{x^2 + y^2}}\,dx + \boxed{\quad\text{(a)}\quad}\,dy = 0$$

という微分方程式を満たす. 空欄 (a) に入る数式を求めよ.

(2) (1) で求めた微分方程式は完全微分方程式かどうか判定せよ.

(3) (1) で求めた微分方程式の解を $y > 0$ の範囲で求めよ. ($x = 0$ のとき $y = 10$ であることに注意.)

14.2 不完全微分方程式の応用　　121

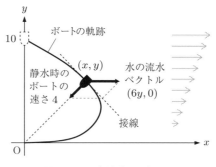

図 14.2　水流上のボート

練習問題の解答 (SOLUTIONS TO EXERCISES)

第 1 章

練習問題 1.1 (Exercise 1.1)

問 1 (1) $\dfrac{dt^2}{dt} = 2t \,\mathrm{m/s}$ (2) $\dfrac{d^2t^2}{dt^2} = \dfrac{d(2t)}{dt} = 2 \,\mathrm{m/s^2}$

問 2 $\dfrac{d}{dt}\left(\dfrac{100e^t}{1+e^t}\right) = 100 \times \dfrac{(e^t)' \times (1+e^t) - e^t \times (1+e^t)'}{(1+e^t)^2} = \dfrac{100e^t}{(1+e^t)^2}$ 匹/s

問 3 $\dfrac{d\sqrt{x^2+1}}{dx} = \dfrac{1}{2}(x^2+1)^{-1/2} \times (x^2+1)' = \dfrac{x}{\sqrt{x^2+1}} \,\mathrm{mol/L \cdot s}$

問 4 まず, $\dfrac{200t}{1+t^2}$ を微分する.

$$\dfrac{d}{dt}\left(\dfrac{200t}{1+t^2}\right) = 200 \times \dfrac{t' \times (1+t^2) - t \times (1+t^2)'}{(1+t^2)^2}$$

$$= \dfrac{200(1-t^2)}{(1+t^2)^2} \,匹/s.$$

この結果に $t=3$ を代入して, -16 匹/s

問 5 まず, $\dfrac{e^{2x}}{1+e^{3x}}$ を微分する.

$$\dfrac{d}{dx}\left(\dfrac{e^{2x}}{1+e^{3x}}\right) = \dfrac{(e^{2x})' \times (1+e^{3x}) - e^{2x} \times (1+e^{3x})'}{(1+e^{3x})^2}$$

$$= \dfrac{2e^{2x} \times (1+e^{3x}) - e^{2x} \times 3e^{3x}}{(1+e^{3x})^2}$$

$$= \dfrac{2e^{2x} - e^{5x}}{(1+e^{3x})^2} \,\mathrm{mol/L \cdot s}$$

この結果に $x=0$ を代入して, $\dfrac{1}{4} \,\mathrm{mol/L \cdot s}$.

問 6 まず, $x = te^t$ を微分する.

$$\dfrac{dx}{dt} = \dfrac{d(te^t)}{dt} = t' \times e^t + t \times (e^t)' = (1+t)e^t \,\mathrm{m/s}$$

これをさらに微分する.

$$\frac{d^2x}{dt^2} = \frac{d(1+t)e^t}{dt} = (1+t)' \times e^t + (1+t) \times (e^t)'$$

$$= (2+t)e^t \,\mathrm{m/s}^2$$

この結果に $t = 0$ を代入して, $2\,\mathrm{m/s}^2$.

練習問題 1.3 (Exercise 1.3)

問 1　以下で C は積分定数を表す.

(1) $\displaystyle\int xe^x\,dx = \int x\frac{de^x}{dx}\,dx = xe^x - \int \frac{dx}{dx}e^x\,dx = xe^x - \int e^x\,dx$

$$= xe^x - e^x + C$$

(2) $\displaystyle\int u\cos u\,du = \int u\frac{d\sin u}{du}\,du = u\sin u - \int \frac{du}{du}\sin u\,du$

$$= u\sin u - \int \sin u\,du$$

$$= u\sin u + \cos u + C$$

(3) $\displaystyle\int \log y\,dy = \int (\log y)\times 1\,dy = \int (\log y)\times \frac{dy}{dy}\,dy$

$$= (\log y)\times y - \int \frac{d\log y}{dy}\times y\,dy = y\log y - \int \frac{1}{y}\times y\,dy$$

$$= y\log y - y + C$$

問 2　以下で C は積分定数を表す.

(1)　$2x = t$ とおく.

$$\int e^{2x}\,dx = \int e^t\;\frac{dx}{dt}\,dt \quad \cdots ①$$

ここで, $x = \dfrac{t}{2}$ より, $\dfrac{dx}{dt} = \dfrac{1}{2}$ に注意して,

$$① = \int e^t\;\frac{1}{2}\,dt$$

$$= \frac{1}{2}e^t + C$$

最後に, $t = 2x$ を戻して,

$$① = \frac{1}{2}e^{2x} + C$$

124   練習問題の解答

(2) $u^2 + 1 = t$ とおいて置換積分する. (途中省略) $\dfrac{1}{3}(u^2 + 1)^{3/2} + C$

(3) まず, $\tan y = \dfrac{\sin y}{\cos y}$ と見て, $\cos y = t$ とおく.

$$\int \tan y \, dy = \int \frac{\sin y}{\cos y} \, dy$$

$$= \int \frac{\sin y}{t} \, \frac{dy}{dt} \, dt \quad \cdots ②$$

ここで, $\cos y = t$ の両辺を変数 y で微分すると, $-\sin y = \dfrac{dt}{dy}$. この等式

の両辺の逆数をとると, $\dfrac{dy}{dt} = -\dfrac{1}{\sin y}$ となることに注意して,

$$② = \int \frac{\sin y}{t} \, \left(-\frac{1}{\sin y}\right) \, dt$$

$$= -\int \frac{1}{t} \, dt$$

$$= -\log |t| + C \quad (絶対値に注意.)$$

最後に, $t = \cos y$ を戻して,

$$② = -\log |\cos y| + C$$

問3 (略解) 以下で C は積分定数を表す.

(1) 部分分数展開の計算をすると, $\dfrac{3x - 2}{(x + 1)(2x - 3)} = \dfrac{1}{x + 1} + \dfrac{1}{2x - 3}$ と

なるので,

$$\int \frac{3x - 2}{(x + 1)(2x - 3)} \, dx = \log |x + 1| + \frac{1}{2} \log |2x - 3| + C$$

(2) 部分分数展開の計算をすると, $\dfrac{2}{u^2 - 1} = \dfrac{1}{u - 1} - \dfrac{1}{u + 1}$ となるので,

$$\int \frac{2}{u^2 - 1} \, du = \log |u - 1| - \log |u + 1| + C$$

(3) 部分分数展開の計算をすると,

$$\frac{4y + 5}{6y^2 + y - 2} = \frac{4y + 5}{(2y - 1)(3y + 2)} = \frac{2}{2y - 1} - \frac{1}{3y + 2}$$

となるので,

$$\int \frac{4y + 5}{6y^2 + y - 2} \, dy = \log |2y - 1| - \frac{1}{3} \log |3y + 2| + C$$

第 2 章　　*125*

問 4　以下で C は積分定数を表す.

(1)　$2xe^{2x} - e^{2x} + C$

(2)　$u\log(3u+2) - u + \dfrac{2}{3}\log|3u+2| + C$

(3)　$y = \dfrac{1}{2}\left(t - \dfrac{1}{t}\right)$ $(t > 0)$ とおく.

$$\int \sqrt{y^2+1}\,dy = \int \sqrt{\frac{1}{4}\left(t^2 - 2 + \frac{1}{t^2}\right) + 1}\,\frac{dy}{dt}\,dt$$

$$= \int \sqrt{\frac{1}{4}\left(t + \frac{1}{t}\right)^2}\,\frac{dy}{dt}\,dt$$

$$= \int \frac{1}{2}\left(t + \frac{1}{t}\right)\frac{dy}{dt}\,dt \quad \cdots ①$$

ここで, $y = \dfrac{1}{2}\left(t - \dfrac{1}{t}\right)$ を変数 t で微分すると, $\dfrac{dy}{dt} = \dfrac{1}{2}\left(1 + \dfrac{1}{t^2}\right)$ となるので,

$$① = \int \frac{1}{2}\left(t + \frac{1}{t}\right)\frac{1}{2}\left(1 + \frac{1}{t^2}\right)dt$$

$$= \frac{1}{4}\int \left(t + \frac{2}{t} + t^{-3}\right)dt$$

$$= \frac{1}{8}\left(t^2 + 4\log|t| - \frac{1}{t^2}\right) + C$$

最後に, $y = \dfrac{1}{2}\left(t - \dfrac{1}{t}\right)$ から $t = y + \sqrt{y^2+1}$ $(t > 0$ に注意$)$ となるので, これを戻して,

$$① = \frac{1}{2}\left(y\sqrt{y^2+1} + \log(y + \sqrt{y^2+1})\right) + C$$

第 2 章

練習問題 2.2 (Exercise 2.2)

問 1　以下で C は積分定数を表す.

(1) $y = \pm\sqrt{\dfrac{3}{C - 2x^3}}$　(2) $y = \dfrac{2}{C - \log|x|}$　(3) $y = \log(x^3 + C)$

(4) $e^{-y^2} = C - \dfrac{x^2}{2}$　(5) $y = Ce^x$

問 2　以下で C は積分定数を表す.

(1) $\tan y = x^2 + C$　(2) $e^{-y^2} = C - x^2$　(3) $y + \dfrac{y^3}{3} = x^3 + C$

126　　練習問題の解答

問3　以下で C は積分定数を表す.

(1)　　　　　（与式）$\iff \displaystyle\int \frac{1}{(y-1)(y-2)}\,dy = \int dx$

ここで, 部分分数展開より, $\dfrac{1}{(y-1)(y-2)} = -\dfrac{1}{y-1} + \dfrac{1}{y-2}$ となるので,

$$-\int \frac{1}{y-1}\,dy + \int \frac{1}{y-2}\,dy = \int dx \iff -\log|y-1| + \log|y-2| = x + C$$

これを答えとしてもよいが, さらに,

$$\log\left|\frac{y-2}{y-1}\right| = x + C \iff \left|\frac{y-2}{y-1}\right| = e^{x+C}$$

$$\iff \frac{y-2}{y-1} = \pm e^C e^x$$

$\pm e^C$ は定数であることに変わりないので, これを D とおく.

$$\frac{y-2}{y-1} = De^x \iff y = \frac{De^x - 2}{De^x - 1}$$

(2) $\displaystyle\int \frac{1}{1+y^2}\,dy = \int 2x\,dx$ と書き換えてから $y = \tan\theta$ とおいて置換積分する. (途中省略) $y = \tan(x^2 + C)$

(3)　　　　　（与式）$\iff \displaystyle\int \frac{1}{\sqrt{1-y^2}}\,dy = \int 3e^{3x}\,dx$

$y = \cos\theta$ (ただし, $0 < \theta < \pi$) とおくと,

$$（与式）\iff \int \frac{1}{\sin\theta}\ \frac{dy}{d\theta}\,d\theta = \int 3e^{3x}\,dx$$

ここで, $\dfrac{dy}{d\theta} = -\sin\theta$ より,

$$（与式）\iff \int \frac{1}{\sin\theta}\ (-\sin\theta)\,d\theta = \int 3e^{3x}\,dx$$

$$\iff -\int d\theta = \int 3e^{3x}\,dx$$

$$\iff \theta = -e^{3x} + C$$

最後に, $y = \cos\theta$ だったので, $y = \cos(C - e^{3x})$

第 2 章　　127

練習問題 2.3 (Exercise 2.3)

問 1　(1) $y = e^{3x}$　　(2) $y = -2e^{-x}$　　(3) $\tan y = x^2$

問 2　(1) $y = \dfrac{2}{1 + e^{2x}}$　　(2) $y = \tan(x^2)$　　(3) $y = \cos(\dfrac{\pi}{2} - x^3)$ または $y = \sin(x^3)$

練習問題 2.4 (Exercise 2.4)

問 1　(1)　$y = f'(t)(x - t) + f(t)$

(2)　接線 ℓ の方程式で $x = t - 1$ のとき, $y = 0$ だから,

$$0 = f'(t)(t - 1 - t) + f(t) \iff \frac{df}{dt} = f$$

(3)　(2) で得られた微分方程式は変数分離型なので,

$$\frac{df}{dt} = f \iff \int \frac{df}{f} = \int dt$$

$$\iff \log|f| = t + C$$

$$\iff f = \pm e^C e^t = D e^t \quad (\pm e^C = D \text{ とおいた.})$$

ここで, $f(0) = 2$ より, $D = 2$ であることがわかる. よって, $f(t) = 2e^t$.
この曲線の方程式は $y = 2e^x$.

問 2　(1)　$\dfrac{dy}{dt} = (1 - y)y \iff \displaystyle\int \frac{1}{(1 - y)y} \, dy = \int dt \quad \cdots ①$

部分分数展開より, $\dfrac{1}{(1 - y)y} = \dfrac{1}{1 - y} + \dfrac{1}{y}$ となるので,

$$① \iff \int \frac{1}{1 - y} \, dy + \int \frac{1}{y} \, dy = \int dt$$

$$\iff -\log|1 - y| + \log|y| = t + C$$

$$\iff \log\left|\frac{y}{1 - y}\right| = t + C$$

$$\iff \frac{y}{1 - y} = \pm e^C e^t$$

ここで $\pm e^C$ は定数であることに変わりないので, $\pm e^C = D$ とおく.

$$\frac{y}{1 - y} = D e^t \iff y = \frac{D e^t}{D e^t + 1}.$$

(2)　$D = 1$ がわかるので, $y = \dfrac{e^t}{e^t + 1}$.

128   練習問題の解答

第 3 章

練習問題 3.2 (Exercise 3.2)

問 1 以下で C は積分定数を表す.

(1) $y = 3x \log |x| + Cx$ (特に Cx の x を書き忘れしやすいので注意.)

(2) $y = xu(x)$ と置き換えて,積分計算 $\displaystyle \int \frac{du}{1+u} \, du = \int \frac{1}{x} \, dx$ に持ち込む.

(途中省略) $y = Cx^2 - x$

(3) $\sin \dfrac{y}{x} = Cx$

問 2   (1) $y = 2x \log |x| + x$ (2) $(y - 2x)^4 (y + 3x) = 6$

練習問題 3.3 (Exercise 3.3)

問 1 (1) 船 S が位置 P (x, y) にいるとき,$\overrightarrow{\mathrm{PO}}$ 方向の単位ベクトルは,$\dfrac{\overrightarrow{\mathrm{PO}}}{|\overrightarrow{\mathrm{PO}}|} =$ $-\dfrac{(x, y)}{\sqrt{x^2 + y^2}}$ となるから,川の流れの速さが $0\,\mathrm{m/s}$ ならば,船 S の速度ベクトルは $-2\dfrac{(x, y)}{\sqrt{x^2 + y^2}}$ となる. これに川の流れの速度 $(1, 0)$ をベクトル的に加えればよいから,

$$-2\frac{(x, y)}{\sqrt{x^2 + y^2}} + (1, 0) = \left(-\frac{2x}{\sqrt{x^2 + y^2}} + 1, \, -\frac{2y}{\sqrt{x^2 + y^2}} \right).$$

(2) 船 S の軌跡上の点 (x, y) における接線の方向ベクトルは $(1, \dfrac{dy}{dx})$ である. (1) の速度ベクトルは接線と平行だから,

$$\left(-\frac{2x}{\sqrt{x^2 + y^2}} + 1 \right) : \left(-\frac{2y}{\sqrt{x^2 + y^2}} \right) = 1 : \frac{dy}{dx}$$

が成り立つ. これより,

$$\frac{dy}{dx} = \frac{-\frac{2y}{\sqrt{x^2+y^2}}}{-\frac{2x}{\sqrt{x^2+y^2}} + 1}$$

分子・分母に $\sqrt{x^2 + y^2}$ を掛けて,

$$\frac{dy}{dx} = \frac{-2y}{-2x + \sqrt{x^2 + y^2}}.$$

第 3 章　　129

(3)　(2) の結果の分子・分母を $x > 0$ で割ると，

$$\frac{dy}{dx} = \frac{-2\frac{y}{x}}{-2 + \sqrt{1 + \left(\frac{y}{x}\right)^2}}.$$

となって，右辺が $\dfrac{y}{x}$ の関数になっている．したがって，これは同次形微分方程式である．

(4)　$y = xu$ を代入して整理すると，

$$x\frac{du}{dx} = \frac{-u\sqrt{1 + u^2}}{-2 + \sqrt{1 + u^2}} \iff \int \frac{-2 + \sqrt{1 + u^2}}{-u\sqrt{1 + u^2}}\, du = \int \frac{1}{x}\, dx$$

$$\iff \int \frac{2}{u\sqrt{1 + u^2}}\, du - \frac{1}{u}\, du = \int \frac{1}{x}\, dx$$

$$\iff \int \frac{2}{u\sqrt{1 + u^2}}\, du - \log|u| = \log|x| + C \cdots ①$$

ここで，$u = \dfrac{1}{2}\left(t - \dfrac{1}{t}\right)\ (t > 0)$ とおいて置換積分すると，

$$① \iff \int \frac{4}{t^2 - 1}\, dt - \log|u| = \log|x| + C$$

部分分数展開より，

$$① \iff 2\int \left(\frac{1}{t - 1} - \frac{1}{t + 1}\right) dt - \log|u| = \log|x| + C$$

$$\iff 2\log\left|\frac{t - 1}{t + 1}\right| = \log|xu| + C$$

$u = \dfrac{1}{2}\left(t - \dfrac{1}{t}\right)\ (t > 0)$ より，$t = u + \sqrt{1 + u^2}$ となるので，これを代入すると，

$$① \iff 2\log\left|\frac{u - 1 + \sqrt{1 + u^2}}{u + 1 + \sqrt{1 + u^2}}\right| = \log|xu| + C$$

$u = \dfrac{y}{x}$ を代入して，

$$① \iff 2\log\left|\frac{y - x + \sqrt{x^2 + y^2}}{y + x + \sqrt{x^2 + y^2}}\right| = \log|y| + C$$

$$\iff \left(\frac{y - x + \sqrt{x^2 + y^2}}{y + x + \sqrt{x^2 + y^2}}\right)^2 = Dy \quad (\pm e^C = D \text{ とおいた.})$$

初期条件 $y(30) = -40$ より，$D = -\dfrac{1}{160}$ がわかるので，

$$160\left(\frac{y - x + \sqrt{x^2 + y^2}}{y + x + \sqrt{x^2 + y^2}}\right)^2 + y = 0.$$

130   練習問題の解答

第 4 章

練習問題 4.1 (Exercise 4.1)

問 1   ベルヌーイ型の微分方程式は (a) のみ. ((b) は y の高次の項が 2 つも存在する. (c) は e^y の項がベキの形 (y の何とか乗の形) になっていない.)

練習問題 4.2 (Exercise 4.2)

問 1   (1) (a) $-x^2$ (b) x^2

(2) 微分公式を駆使して確かめる.

$$e^{-x^2} \frac{d}{dx}\left(e^{x^2}y\right) = e^{-x^2}\left(\frac{de^{x^2}}{dx}y + e^{x^2}\frac{dy}{dx}\right)$$

$$= e^{-x^2}\left(2xe^{x^2}y + e^{x^2}\frac{dy}{dx}\right)$$

$$= 2xy + \frac{dy}{dx} = \frac{dy}{dx} + 2xy.$$

練習問題 4.3 (Exercise 4.3)

問 1   (1) $\dfrac{3}{x}$ の原始関数の 1 つとして, $3\log x$ があるので,

$$\frac{dy}{dx} + \frac{3}{x}y = x^2 y^3 \iff e^{-3\log x}\frac{d}{dx}\left(e^{3\log x}y\right) = x^2 y^3$$

ここで, $e^{-3\log x} = x^{-3}$, $e^{3\log x} = x^3$ であることに注意して,

$$x^{-3}\frac{d}{dx}\left(x^3 y\right) = x^2 y^3 \iff \frac{d}{dx}\left(x^3 y\right) = x^5 y^3$$

($\cdots$) の中身について $x^3 y = u$ とおく ($y = x^{-3}u$ を代入).

$$\iff \frac{du}{dx} = x^5 (x^{-3}u)^3 = x^5 x^{-9} u^3 = x^{-4} u^3$$

これは, 変数分離型微分方程式になっているので,

$$\int u^{-3}\,du = \int x^{-4}\,dx \iff -\frac{1}{2}u^{-2} = -\frac{1}{3}x^{-3} + C$$

$u = x^3 y$ を戻して整理すると,

$$y^2 = \frac{3}{2x^3 + Dx^6} \quad (D \text{ は積分定数.})$$

(2)   (詳細省略) $y = -\dfrac{6e^{4x}}{e^{6x} + D}$ (D は積分定数.)

第 4 章　　*131*

(3) 与えられた微分方程式を $\dfrac{dy}{dx} + 2xy = e^{x^2}y^2$ と書き換えておく. $2x$ の原始関数の 1 つとして, x^2 があるので,

$$\frac{dy}{dx} + 2xy = e^{x^2}y^2 \iff e^{-x^2}\frac{d}{dx}\left(e^{x^2}y\right) = e^{x^2}y^2$$

$$\iff \frac{d}{dx}\left(e^{x^2}y\right) = e^{2x^2}y^2$$

$(\cdots)$ の中身について $e^{x^2}y = u$ とおく $(y = e^{-x^2}u$ を代入$)$.

$$\frac{du}{dx} = e^{2x^2}(e^{-x^2}u)^2 = e^{2x^2}e^{-2x^2}u^2 = u^2$$

これは, 変数分離型微分方程式になっているので,

$$\int u^{-2}\,du = \int dx \iff -u^{-1} = x + C$$

$u = e^{x^2}y$ を戻して整理すると,

$$y = -\frac{1}{(x+D)e^{x^2}}.$$

問 2　(1) $y^3 = \dfrac{1}{2x^3 - x^6}$ （初期条件が $x = 1 > 0$ で与えられているので, $x > 0$ で考えればよい.）

(2) $y^2 = \dfrac{e^{6x}}{1 - 2x}$　(3) $y = \dfrac{2}{(1 - 2x)e^{\sin x}}$

練習問題 4.4 (Exercise 4.4)

問 1　分子・分母に e^{-rt} をかけると,

$$y = \frac{Ka}{a(1 - e^{-rt}) + Ke^{-rt}}$$

となる. $r > 0$ より, $\displaystyle\lim_{t\to\infty} e^{-rt} = 0$ となることに注意して,

$$\lim_{t\to\infty} y(t) = \frac{Ka}{a(1 - 0) + K \times 0}$$

$$= K.$$

問 2　計算途中で $r - r_0$ で割り算をする場面があるので, 場合分けが必要になる.

(i) $r \neq r_0$ のとき, $y = \dfrac{(r - r_0)K_0ae^{rt}}{ra(e^{(r-r_0)t} - 1) + (r - r_0)K_0}$.

(ii) $r = r_0$ のとき, $y = \dfrac{K_0ae^{rt}}{rat + K_0}$.

132　練習問題の解答

第 5 章

練習問題 5.1 (Exercise 5.1)

問 1 (1)　未知関数 y を含む部分 $\dfrac{dy}{dx} + xy^2$ について, y のところに ky (k は定数) を代入すると,

$$\frac{d(ky)}{dx} + x(ky)^2 = k\left(\frac{dy}{dx} + kxy^2\right)$$

となる. これは $k\left(\dfrac{dy}{dx} + xy^2\right)$ と異なっている. したがって, 線形微分方程式ではない.

(2)　未知関数 y を含む部分 $\dfrac{dy}{dx} + \dfrac{y^2}{|y|}$ について, y のところに $-2y$ を代入すると,

$$\frac{d(-2y)}{dx} + \frac{(-2y)^2}{|-2y|} = -2\left(\frac{dy}{dx} - \frac{y^2}{|y|}\right)$$

となる. これは $-2\left(\dfrac{dy}{dx} + \dfrac{y^2}{|y|}\right)$ と異なっている. したがって, 線形微分方程式ではない.

練習問題 5.2 (Exercise 5.2)

問 1 (1)　$3x^2$ の原始関数の 1 つとして, x^3 があるので,

$$
\begin{aligned}
\frac{dy}{dx} + 3x^2 y = 2xe^{-x^3} &\iff e^{-x^3}\frac{d}{dx}\left(e^{x^3}y\right) = 2xe^{-x^3} \\
&\iff \frac{d}{dx}\left(e^{x^3}y\right) = 2x \\
&\iff e^{x^3}y = \int 2x\,dx \\
&\iff e^{x^3}y = x^2 + C \\
&\iff y = (x^2 + C)e^{-x^3}.
\end{aligned}
$$

(2)　(詳細省略) $y = -\dfrac{3}{4} + Ce^{4x}$

第 6 章　　*133*

(3)　$\sin x$ の原始関数の 1 つとして，$-\cos x$ があるので，

$$\frac{dy}{dx} + y\sin x = 2xe^{\cos x} \iff e^{\cos x}\frac{d}{dx}\left(e^{-\cos x}y\right) = 2xe^{\cos x}$$

$$\iff \frac{d}{dx}\left(e^{-\cos x}y\right) = 2x$$

$$\iff e^{-\cos x}y = \int 2x\,dx$$

$$\iff e^{-\cos x}y = x^2 + C$$

$$\iff y = (x^2 + C)e^{\cos x}.$$

問 2　(1) $y = -e^{-3x} + e^{-2x}$　(2) $y = xe^{2\sqrt{x}}$　(3) $y = \dfrac{10}{9}e^{-3x} + \dfrac{1}{3}x - \dfrac{1}{9}$

練習問題 5.3 (Exercise 5.3)

問 1　(1) $m\dfrac{dv}{dt} = -kv + mg$　(2) $v(t) = \dfrac{mg}{k}(1 - e^{-\frac{k}{m}t})$

第 6 章

練習問題 6.2 (Exercise 6.2)

問 1　(1) $-\dfrac{1}{\sqrt{2}} + \dfrac{1}{\sqrt{2}}i$　(2) -1　(3) 1　(4) $\dfrac{\sqrt{3}}{2} - \dfrac{1}{2}i$　(5) $-i$

(6) $-\dfrac{1}{2} + \dfrac{\sqrt{3}}{2}i$

問 2　(1) $e^{\frac{\pi}{4}i}$　(2) $e^{-\frac{\pi}{3}i}$　(3) $e^{\frac{5\pi}{6}i}$

問 3　(1) $\dfrac{\sqrt{3}e^3}{2} + \dfrac{e^3}{2}i$　(2) $\dfrac{e^2}{2} - \dfrac{\sqrt{3}e^2}{2}i$　(3) $e^x\cos 2x - ie^x\sin 2x$

問 4　(1) $(2 - i)e^{(2-i)x}$　(2) ie^{ix}　(3) $\dfrac{1}{3 + 2i}e^{(3+2i)x} + C$

(4) $-\dfrac{1}{1 + 2i}e^{(-1-2i)x} + C$

練習問題 6.3 (Exercise 6.3)

問 1　(1) $\dfrac{d^2y}{dx^2} - 3\dfrac{dy}{dx} + 2y$　(2) $\dfrac{d^2y}{dx^2} - 9y$　(3) $\dfrac{d^2y}{dx^2} - 3\dfrac{dy}{dx} + 2y$

問 2　(1) $\left(\dfrac{d}{dx} + 3\right)\left(\dfrac{d}{dx} - 2\right)$ あるいは，$\left(\dfrac{d}{dx} - 2\right)\left(\dfrac{d}{dx} + 3\right)$（順番はどちらでもよい．以降同じ．）

134　練習問題の解答

(2)　$\left(\dfrac{d}{dx} + 2\right)\left(\dfrac{d}{dx} + 2\right)$

(3)　2 次方程式 $\lambda^2 + 1 = 0$ を解くと，$\lambda = \pm i$ となるので，

$$\frac{d^2 y}{dx^2} + y = \left(\frac{d}{dx} - i\right)\left(\frac{d}{dx} - (-i)\right) y$$

$$= \left(\frac{d}{dx} - i\right)\left(\frac{d}{dx} + i\right) y$$

問 3　(1)　(a) $2x$　(b) $-2x$　(c) $-3x$　(d) $3x$（あるいは，(a) $-3x$　(b) $3x$　(c) $2x$　(d) $-2x$ のどちらでもよい. 以降同じ.）

(2)　(a) $-3x$　(b) $3x$　(c) $-3x$　(d) $3x$

(3)　2 次方程式 $\lambda^2 + 2\lambda + 5 = 0$ を解の公式を用いて解くと，$\lambda = -1 \pm 2i$ となるので，

$$\frac{d^2 y}{dx^2} + 2\frac{dy}{dx} + 5y = \left(\frac{d}{dx} - (-1 + 2i)\right)\left(\frac{d}{dx} - (-1 - 2i)\right) y$$

$$= \left(\frac{d}{dx} + (1 - 2i)\right)\left(\frac{d}{dx} + (1 + 2i)\right) y$$

$$= e^{-(1-2i)x} \frac{d}{dx} e^{(1-2i)x} e^{-(1+2i)x} \frac{d}{dx} e^{(1+2i)x} y$$

したがって，(a) $-(1-2i)x$　(b) $(1-2i)x$　(c) $-(1+2i)x$　(d) $(1+2i)x$

第 7 章

練習問題 7.1 (Exercise 7.1)

問 1　以下で C_1, C_2 は積分定数とする.

(1)　微分作用素の因数分解より，

$$\frac{d^2 y}{dx^2} - 3\frac{dy}{dx} + 2y = 0 \iff \left(\frac{d^2}{dx^2} - 3\frac{d}{dx} + 2\right) y = 0$$

$$\iff \left(\frac{d}{dx} - 2\right)\left(\frac{d}{dx} - 1\right) y = 0$$

$$\iff e^{2x} \frac{d}{dx} e^{-2x} e^{x} \frac{d}{dx} e^{-x} y = 0$$

ここから等式変形を行うと，$y = C_1 e^{2x} + C_2 e^{x}$.

(2)　微分作用素の因数分解より，

$$\frac{d^2 y}{dx^2} + 2\frac{dy}{dx} + y = 0 \iff \left(\frac{d^2}{dx^2} + 2\frac{d}{dx} + 1\right) y = 0$$

$$\iff \left(\frac{d}{dx} + 1\right)\left(\frac{d}{dx} + 1\right) y = 0$$

$$\iff e^{-x} \frac{d}{dx} e^{x} e^{-x} \frac{d}{dx} e^{x} y = 0$$

第 8 章　　*135*

ここから等式変形を行うと, $y = C_1 x e^{-x} + C_2 e^{-x}$.

(3) 2 次方程式 $\lambda^2 - 2\lambda + 2 = 0$ を解の公式を用いて解くと, $\lambda = 1 \pm i$ となる. したがって, 微分作用素の因数分解より,

$$
\frac{d^2 y}{dx^2} - 2\frac{dy}{dx} + 2y = 0 \iff \left(\frac{d^2}{dx^2} - 2\frac{d}{dx} + 2 \right) y = 0
$$

$$
\iff \left(\frac{d}{dx} - (1+i) \right)\left(\frac{d}{dx} - (1-i) \right) y = 0
$$

$$
\iff \left(\frac{d}{dx} + (-1-i) \right)\left(\frac{d}{dx} + (-1+i) \right) y = 0
$$

$$
\iff e^{-(-1-i)x} \frac{d}{dx} e^{(-1-i)x} e^{-(-1+i)x} \frac{dx}{dx} e^{(-1+i)x} y = 0
$$

ここから等式変形を行うと, $y = C_1 e^{(1+i)x} + C_2 e^{(1-i)x}$ を得る. 「オイラーの公式」より,

$$
e^{(1\pm i)x} = e^{x \pm ix} = e^x e^{\pm ix} = e^x (\cos x \pm i \sin x)
$$

となるので, これから, $y = D_1 e^x \cos x + D_2 e^x \sin x$ (D_1, D_2 は積分定数).

問 2 (1) $y = C_1 e^{4x} + C_2 e^x$ が得られる. これから $y' = 4C_1 e^{4x} + C_2 e^x$ に注意して, 初期条件を利用すると, $x = 0$ のとき,

$$
\begin{cases} y(0) = C_1 + C_2 = 2 \\ y'(0) = 4C_1 + C_2 = 5 \end{cases} \iff \begin{cases} C_1 = 1 \\ C_2 = 1. \end{cases}
$$

したがって, $y = e^{4x} + e^x$.

(2) (詳細省略) $y = -xe^{2x} + e^{2x}$

(3) (詳細省略) $y = e^{2x} \sin x$

練習問題 7.2 (Exercise 7.2)

問 1 (1) $m\dfrac{d^2 x}{dt^2} = -kx$ 　(2) $x = L \cos \sqrt{\dfrac{k}{m}}\, t$

第 8 章

練習問題 8.1 (Exercise 8.1)

問 1 以下で C_1, C_2 は積分定数を表す.

(1) $y = C_1 e^x + C_2 e^{2x} + e^{3x}$ 　(2) $y = C_1 x e^{-x} + C_2 e^{-x} + 3$

(3) $y = C_1 e^x \cos x + C_2 e^x \sin x + e^x$

136   練習問題の解答

(4)   (与式) $\Longleftrightarrow \left(\dfrac{d}{dx} + 1\right)\left(\dfrac{d}{dx} + 2\right)y = 4x$

$\Longleftrightarrow e^{-x}\dfrac{d}{dx}e^{x}e^{-2x}\dfrac{d}{dx}e^{2x}y = 4x$

$\Longleftrightarrow \dfrac{d}{dx}e^{-x}\dfrac{d}{dx}e^{2x}y = 4xe^{x}$

$\Longleftrightarrow e^{-x}\dfrac{d}{dx}e^{2x}y = \displaystyle\int 4xe^{x}\,dx$

$= 4xe^{x} - \displaystyle\int 4e^{x}\,dx$

$= 4xe^{x} - 4e^{x} + C_1$

$\Longleftrightarrow e^{2x}y = \displaystyle\int (4xe^{2x} - 4e^{2x} + C_1 e^{x})\,dx$

$= 2xe^{2x} - \displaystyle\int 2e^{2x}\,dx - 2e^{2x} + C_1 e^{x} + C_2$

$= 2xe^{2x} - 3e^{2x} + C_1 e^{x} + C_2$

$\Longleftrightarrow y = 2x - 3 + C_1 e^{-x} + C_2 e^{-2x}$

(5) $y = xe^{-x} + C_1 e^{-x}\cos x + C_2 e^{-x}\sin x$

問 2 (1) $y = e^{4x} + 2e^{x} - 2xe^{x}$ (2) $y = (x^4 + 2x - 1)e^{2x}$
(3) $y = 1 + e^{2x}\cos x + 2e^{2x}\sin x$

練習問題 8.2 (Exercise 8.2)

問 1 (1) $y = \dfrac{1}{6} - x + C_1 e^{3x} + C_2 e^{-2x}$ (2) $y = e^{x} + C_1 e^{-2x} + C_2 xe^{-2x}$
(3) $y = \dfrac{3}{5}\cos x - \dfrac{1}{5}\sin x + C_1 e^{2x}\cos 3x + C_2 e^{2x}\sin 3x$

第 9 章

練習問題 9.1 (Exercise 9.1)

問 1 (1) $1 \times \dfrac{d^2 x}{dt^2} = 4(0.4t - x)$
(2)   一般解を求めると，$x = 0.4t + D_1\cos 2t + D_2\sin 2t$ を得る．初期条件 $x(0) = 0$, $x'(0) = 0$ に注意して，積分定数 D_1, D_2 を求めると，$D_1 = 0$, $D_2 = -0.2$ を得る．したがって，$x = 0.4t - 0.2\sin 2t$.

第 10 章　　*137*

第 10 章

練習問題 10.1 (Exercise 10.1)

問 1　以下で C_1, C_2 は積分定数を表す．積分定数の部分がいろいろな表現になりうるので注意．

(1) $y_1 = C_1 x e^{-x} + C_2 e^{-x}$, $y_2 = -2C_1 x e^{-x} + (C_1 - 2C_2)e^{-x}$

(2) $y_1 = C_1 e^x \cos 2x - C_2 e^x \sin 2x$, $y_2 = C_2 e^x \cos 2x + C_1 e^x \sin 2x$

(3) $y_1 = C_1 e^{7x} + C_2 e^{-x}$, $y_2 = 2C_1 e^{7x} - 2C_2 e^{-x}$

問 2　(1) $y_1 = e^{-2x} - 2e^{-7x}$, $y_2 = 2e^{-2x} + e^{-7x}$

(2) $y_1 = -2xe^{2x} - e^{2x}$, $y_2 = 2xe^{2x} - e^{2x}$

(3) $y_1 = 2\cos x + \sin x$, $y_2 = 2\sin x - \cos x$

練習問題 10.2 (Exercise 10.2)

問 1　$T_1 = 15e^{-13t} + 5e^{-3t}$, $T_2 = -5e^{-13t} + 15e^{-3t}$

第 11 章

練習問題 11.1 (Exercise 11.1)

問 1　以下で C_1, C_2 は積分定数を表す．積分定数の部分がいろいろな表現になりうるので注意．

(1) $y_1 = (C_1 x + C_2)e^{-x} - e^x$, $y_2 = (-2C_1 x + C_1 - 2C_2)e^{-x} + e^x$

(2) $y_1 = C_1 e^x \cos 2x + C_2 e^x \sin 2x + \dfrac{3}{5}$, $y_2 = C_1 e^x \sin 2x - C_2 e^x \cos 2x + \dfrac{9}{5}$

(3) $y_1 = C_1 e^{7x} + C_2 e^{-x} + e^x$, $y_2 = 2C_1 e^{7x} - 2C_2 e^{-x} - 3e^x$

問 2　(1) $y_1 = e^{-2x} + 2e^{-7x} + 1$, $y_2 = 2e^{-2x} - e^{-7x} + 1$

(2) $y_1 = xe^{2x} + e^x$, $y_2 = -xe^{2x} + e^{2x} - 5e^x$

(3) $y_1 = \cos x - \sin x + e^{2x}$, $y_2 = \sin x + \cos x - e^{2x}$

練習問題 11.2 (Exercise 11.2)

問 1　$T_1 = 9e^{-13t} + e^{-3t} + 10$, $T_2 = -3e^{-13t} + 3e^{-3t} + 10$

第 12 章

練習問題 12.1 (Exercise 12.1)

問 1　(1) $y = 1$　(2) $y = -1, \dfrac{1 \pm \sqrt{5}}{2}$　(3) $y = 1$

練習問題 12.2 (Exercise 12.2)

問 1 (1) $y' = \dfrac{x^2 - y}{x - y^2}$

(2) (1) の結果に $x = 1$, $y = 0$ を代入して，接線の傾きは 1.

(3) $y = x - 1$

問 2 (1) $y' = -\dfrac{ye^x + e^y}{xe^y + e^x}$

(2) (1) の結果に $x = 0$, $y = 2$ を代入して，接線の傾きは $-(2 + e^2)$.

(3) $y = -(2 + e^2)x + 2$

練習問題 12.3 (Exercise 12.3)

問 1 (1) $\dfrac{dy}{dx} = \dfrac{x - y}{x - 2y}$

(2) 直線 $y = x$ とこの曲線との交点を連立方程式を解いて求めると，$(3, 3)$, $(-3, -3)$.

(3) 直線 $2y = x$ とこの曲線との交点を連立方程式を解いて求めると，$(3\sqrt{2}, \dfrac{3\sqrt{2}}{2})$, $(3\sqrt{2}, \dfrac{3\sqrt{2}}{2})$.

(4) 図 S.1 参照．　(5) 図 S.2 参照．

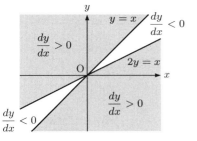 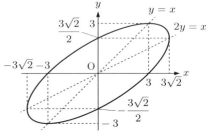

図 S.1　問 1(4) の解答　　　　図 S.2　問 1(5) の解答

問 2 (1) $\dfrac{dy}{dx} = -\dfrac{e^{x+y} - 1}{e^{x+y} + 1}$

(2) $e^{x+y} - 1 = 0$ より $x + y = 0$ のとき，微分係数の値が 0 になることに注意．答えは，$(0, 0)$.

(3) 図 S.3 参照．　(4) 図 S.4 参照．

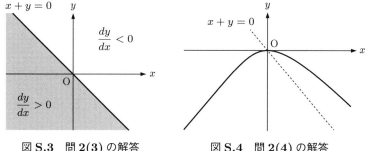

図 S.3 問 2(3) の解答　　図 S.4 問 2(4) の解答

第 13 章

練習問題 13.1 (Exercise 13.1)

問 1　(1)　与えられた関係式の両辺を変数 x で微分すると，
$$\frac{d(x^2+2y^2-2xy)}{dx} = \frac{d12}{dx} \iff 2x + 4y\frac{dy}{dx} - 2y - 2x\frac{dy}{dx} = 0$$
$$\iff \frac{dy}{dx} = \frac{y-x}{2y-x}.$$

(2)　(1) の答を分数式の処理で形式的に書き換えると，
$$\frac{dy}{dx} = \frac{y-x}{2y-x} \iff (2y-x)dy = (y-x)dx$$
$$\iff -(y-x)dx + (2y-x)dy = 0$$
となる．したがって，(a) $-(y-x)$．

問 2　(1) $\dfrac{dy}{dx} = -\dfrac{e^y + ye^x}{xe^y + e^x}$　　(2) (a) $xe^y + e^x$

練習問題 13.2 (Exercise 13.2)

問 1　(1)　$(e^y + ye^x)dx + (xe^y + e^x)dy = 0$ において，$P = e^y + ye^x$, $Q = xe^y + e^x$ とおく．
$$\frac{\partial P}{\partial y} = e^y + e^x \quad (x \text{ を定数扱いして微分}),$$
$$\frac{\partial Q}{\partial x} = e^y + e^x \quad (y \text{ を定数扱いして微分}).$$
これから $\dfrac{\partial P}{\partial y} = \dfrac{\partial Q}{\partial x}$ となるので，この微分方程式は完全微分方程式である．

140   練習問題の解答

(2) $y^3 dx + (x+y)dy = 0$ において, $P = y^3$, $Q = x+y$ とおく.

$$\frac{\partial P}{\partial y} = 3y^2 \qquad (x \text{ を定数扱いして微分}),$$

$$\frac{\partial Q}{\partial x} = 1 \qquad (y \text{ を定数扱いして微分}).$$

これから $\dfrac{\partial P}{\partial y} \neq \dfrac{\partial Q}{\partial x}$ となるので, この微分方程式は完全微分方程式ではない.

(3) $(x-y)dx - (x-2y)dy = 0$ において, $P = x-y$, $Q = -(x-2y)$ (符号に注意) とおく.

$$\frac{\partial P}{\partial y} = -1 \qquad (x \text{ を定数扱いして微分}),$$

$$\frac{\partial Q}{\partial x} = -1 \qquad (y \text{ を定数扱いして微分}).$$

これから $\dfrac{\partial P}{\partial y} = \dfrac{\partial Q}{\partial x}$ となるので, この微分方程式は完全微分方程式である.

練習問題 13.3 (Exercise 13.3)

問 1 (1) $(x^2 - y)dx + (y^2 - x)dy = 0$ において, $P = x^2 - y$, $Q = y^2 - x$ とおく.

$$\frac{\partial P}{\partial y} = -1 \qquad (x \text{ を定数扱いして微分}),$$

$$\frac{\partial Q}{\partial x} = -1 \qquad (y \text{ を定数扱いして微分}).$$

これから $\dfrac{\partial P}{\partial y} = \dfrac{\partial Q}{\partial x}$ となるので, この微分方程式は完全微分方程式である.

$$\begin{cases} x^2 - y = \dfrac{\partial f}{\partial x} & \cdots ① \\ y^2 - x = \dfrac{\partial f}{\partial y} & \cdots ② \end{cases}$$

となる多変数関数 $f = f(x, y)$ を求める. ①より,

$$f = \int (x^2 - y)\, dx \quad (\text{ここでは, } y \text{ を定数扱いして積分.})$$

$$= \frac{x^3}{3} - xy + C(y) \quad \cdots ③$$

③を②の右辺に代入して，

$$y^2 - x = -x + \frac{\partial C(y)}{\partial y} \iff \frac{\partial C(y)}{\partial y} = y^2$$

$$\iff C(y) = \int y^2\, dy = \frac{y^3}{3} + C$$

したがって，③より，

$$f = \frac{x^3}{3} - xy + \frac{y^3}{3} + C.$$

ゆえに，微分方程式の解は，

$$\frac{x^3}{3} - xy + \frac{y^3}{3} + C = C' \iff x^3 - 3xy + y^3 = D\ (定数).$$

(2) （詳細省略）$xe^y + ye^x = D$ （定数）

(3) （詳細省略）$\sin x + x\cos y = D$ （定数）

問 2 初期条件を利用することで，積分定数の値が決まることに注意して，

(1) $x^4 - 4xy + y^4 = 1$ (2) $ye^x + e^y = 1$ (3) $y^2\cos x + \sin y = 0$

練習問題 13.4 (Exercise 13.4)

問 1 (1) $\dfrac{dy}{dx} = -\dfrac{3 + (x^2 + y^2)x}{(x^2 + y^2)y}$

(2) (1) の答を変形して，

$$(3 + x^3 + xy^2)dx + (x^2 y + y^3)dy = 0.$$

$P = 3 + x^3 + xy^2,\ Q = x^2 y + y^3$ とおく．

$$\frac{\partial P}{\partial y} = 2xy, \quad \frac{\partial Q}{\partial x} = 2xy.$$

これから，$\dfrac{\partial P}{\partial y} = \dfrac{\partial Q}{\partial x}$ が成り立つので，この微分方程式は完全微分方程式である．

$$\begin{cases} 3 + x^3 + xy^2 = \dfrac{\partial f}{\partial x} & \cdots ① \\[2mm] x^2 y + y^3 = \dfrac{\partial f}{\partial y} & \cdots ② \end{cases}$$

となる多変数関数 $f = f(x, y)$ を求める．①より，

$$f = \int (3 + x^3 + xy^2)\, dx \quad （ここでは，y を定数扱いして積分.）$$

$$= 3x + \frac{1}{4}x^4 + \frac{1}{2}x^2 y^2 + C(y) \quad \cdots ③$$

142   練習問題の解答

③を②の右辺に代入して,

$$x^2 y + y^3 = x^2 y + \frac{\partial C(y)}{\partial y} \iff \frac{\partial C(y)}{\partial y} = y^3$$

$$\iff C(y) = \frac{1}{4} y^4 + C.$$

したがって, ③より,

$$f = 3x + \frac{1}{4} x^4 + \frac{1}{2} x^2 y^2 + \frac{1}{4} y^4 + C.$$

ゆえに, 微分方程式の一般解は,

$$3x + \frac{1}{4} x^4 + \frac{1}{2} x^2 y^2 + \frac{1}{4} y^4 + C = C'$$

$$\iff 3x + \frac{1}{4} x^4 + \frac{1}{2} x^2 y^2 + \frac{1}{4} y^4 = D \ (\text{定数}).$$

いま, 初期条件より $y(0) = 10$ より, $D = 2500$ となることがわかる. したがって,

$$12x + x^4 + 2x^2 y^2 + y^4 = 10000.$$

第 14 章

練習問題 14.1 (Exercise 14.1)

問 1 (1)   与えられた微分方程式を式変形して,

$$2xy dx + (3x^2 - 10y^2) dy = 0 \quad \cdots ①$$

と書き換える. $P = 2xy$, $Q = 3x^2 - 10y^2$ とおく.

$$\frac{\partial P}{\partial y} = 2x, \quad \frac{\partial Q}{\partial x} = 6x$$

となって, $\dfrac{\partial P}{\partial y} \neq \dfrac{\partial Q}{\partial x}$ であるから, ①は完全微分方程式ではない.

そこで, ①の両辺に積分因子 $\lambda = \lambda(x, y)$ を掛ける.

$$\lambda \cdot 2xy dx + \lambda(3x^2 - 10y^2) dy = 0 \quad \cdots ②$$

②が完全微分方程式になるように積分因子 λ を決める. つまり,

$$\frac{\partial (\lambda P)}{\partial y} = \frac{\partial (\lambda Q)}{\partial x}$$

$$\iff \frac{\partial \lambda}{\partial y} \times 2xy + \lambda \times 2x = \frac{\partial \lambda}{\partial x} \times (3x^2 - 10y^2) + \lambda \times 6x \quad \cdots ③$$

を満たす λ を決める.

- $\lambda = \lambda(x)$ のとき,$\dfrac{\partial \lambda}{\partial y} = 0$ に注意して,③より,

$$\lambda \times 2x = \frac{\partial \lambda}{\partial x}(3x^2 - 10y^2) + \lambda \times 6x$$

となる.しかし,これから変数 y を消すことができないので,以後うまくいかない.

- $\lambda = \lambda(y)$ のとき,$\dfrac{\partial \lambda}{\partial x} = 0$ に注意して,③より,

$$\frac{\partial \lambda}{\partial y} \times 2xy + \lambda \times 2x = \lambda \times 6x \iff \frac{\partial \lambda}{\partial y} = \frac{2\lambda}{y} \quad \text{(変数分離型.)}$$

$$\iff \int \frac{1}{\lambda}\, d\lambda = \int \frac{2}{y}\, dy$$

$$\iff \log|\lambda| = 2\log|y| + C$$

したがって,$\lambda = \pm e^C y^2$ を得る.ここでは簡単のために,$\lambda = y^2$ を選ぶ.すると,②は完全微分方程式になるので,

$$\begin{cases} y^2 \cdot 2xy = \dfrac{\partial f}{\partial x} & \cdots ④ \\[2mm] y^2(3x^2 - 10y^2) = \dfrac{\partial f}{\partial y} & \cdots ⑤ \end{cases}$$

となる多変数関数 $f = f(x, y)$ を求める.④より,

$$f = \int 2xy^3\, dx \quad \text{(ここでは y を定数扱いして積分.)}$$

$$= x^2 y^3 + C(y). \quad \cdots ⑥$$

⑥を⑤の右辺に代入して,

$$y^2(3x^2 - 10y^2) = 3x^2 y^2 + \frac{\partial C(y)}{\partial y} \iff \frac{\partial C(y)}{\partial y} = -10y^4$$

$$C(y) = \int (-10y^4)\, dy = -2y^5 + C.$$

これを⑥に代入して,

$$f = x^2 y^3 - 2y^5 + C.$$

したがって,与えられた微分方程式の解は,

$$x^2 y^3 - 2y^5 + C = C' \iff x^2 y^3 - 2y^5 = D \ \text{(定数).}$$

(2) (詳細省略) 積分因子はたとえば $\lambda = x$ となり,答は $x^2 e^y + 2xe^x - 2e^x = D$ (定数).

144   練習問題の解答

問 2 初期条件を用いると積分定数の値が決まることに注意.

(1) $x^4 y^3 + x^5 = 2$ (積分因子として, たとえば $\lambda = x^3$ を選ぶとよい.)

(2) $e^{x+y} + 2xe^{2y} = 1$ (積分因子として, たとえば $\lambda = e^y$ を選ぶとよい.)

練習問題 14.2 (Exercise 14.2)

問 1 (1) (a) $-\dfrac{4x}{\sqrt{x^2 + y^2}} + 6y$

(2) $P = \dfrac{4y}{\sqrt{x^2 + y^2}},\ Q = -\dfrac{4x}{\sqrt{x^2 + y^2}} + 6y$ とおく.

$$\frac{\partial P}{\partial y} = \frac{4x^2}{(x^2 + y^2)^{3/2}}, \quad \frac{\partial Q}{\partial x} = -\frac{4y^2}{(x^2 + y^2)^{3/2}}$$

となって, $\dfrac{\partial P}{\partial y} \neq \dfrac{\partial Q}{\partial x}$ である. ゆえに, 完全微分方程式ではない.

(3) (略解) 積分因子を求めると, $\lambda = \dfrac{1}{y}$ であることがわかる. したがって,

$$\begin{cases} \dfrac{1}{y} \times \dfrac{4y}{\sqrt{x^2 + y^2}} = \dfrac{\partial f}{\partial x} & \cdots \text{①} \\[3mm] \dfrac{1}{y} \times \left(-\dfrac{4x}{\sqrt{x^2 + y^2}} + 6y \right) = \dfrac{\partial f}{\partial y} & \cdots \text{②} \end{cases}$$

を満たす 2 変数関数 $f = f(x, y)$ を求めればよい. ①より,

$$f = \int \frac{4}{\sqrt{x^2 + y^2}}\, dx \quad (y \text{ を定数扱いする積分})$$

$x = \dfrac{y}{2} \left(t - \dfrac{1}{t} \right)\ (t > 0)$ とおいて, 置換積分すると,

$$f = \int \frac{4}{\frac{y}{2}\left(t + \frac{1}{t}\right)} \times \frac{y}{2}\left(1 + \frac{1}{t^2}\right) dt$$

$$= \int \frac{4}{t}\, dt = 4\log t + C(y).$$

ここで, $x = \dfrac{y}{2}\left(t - \dfrac{1}{t}\right)\ (t > 0)$ より, $t = \dfrac{x + \sqrt{x^2 + y^2}}{y}$ となるので,

$$f = 4\log \frac{x + \sqrt{x^2 + y^2}}{y} + C(y). \quad \cdots \text{③}$$

これを②の右辺に代入すると,

$$-\frac{4x}{y\sqrt{x^2 + y^2}} + 6 = -\frac{4x}{y\sqrt{x^2 + y^2}} + \frac{\partial C(y)}{\partial y} \iff \frac{\partial C(y)}{\partial y} = 6$$

$$\iff C(y) = 6y + C.$$

第 14 章   *145*

これを③に代入して,

$$f = 4\log\frac{x + \sqrt{x^2 + y^2}}{y} + 6y + C.$$

したがって, 与えられた微分方程式の一般解は,

$$4\log\frac{x + \sqrt{x^2 + y^2}}{y} + 6y + C = C' \iff 4\log\frac{x + \sqrt{x^2 + y^2}}{y} + 6y = D\ (\text{定数}).$$

初期条件より, $y(0) = 10$ なので, $D = 60$ を得る. ゆえに,

$$2\log\frac{x + \sqrt{x^2 + y^2}}{y} + 3y = 30.$$

索引 (INDEX)

英字

acceleration, 7
Bernoulli differential equation, 33
characteristic equation, 51
deformation of differential
    operator, 34
differential coefficient, 3
differential equation, 12
differential operator, 34, 50
Euler's formula, 46
exact differential equation, 102
explicit representation, 91
factorization of differential
    operator, 50
fundamental solution, 68
general solution, 22
homogeneous differential equation, 27
homogeneous type, 54
implicit representation, 92
indefinite integral, 13
inexact differential equation, 112
inhomogeneous type, 63
initial condition, 24
initial value, 24
integrating factor, 112
integration by parts, 14
integration by substitution, 15
linear differential equation of 1st
    order, 41

linear differential equation of 2nd
    order, 45
logistic model, 26
Malthusian model, 11
method of undetermined coefficients,
    71
Newton's equation of motion, 12
Newton's law of cooling, 81
partial fraction expansion, 17
particular solution, 67
primitive function, 13
second law of motion, 12
separable differential equation, 20
solving a differential equation, 12
velocity of change, 4

あ行

1 階線形微分方程式, 41
一般解, 22
陰関数表現, 92
運動の第 2 法則, 12
オイラーの公式, 46

か行

加速度, 7
完全微分形方程式, 102
完全微分方程式, 102
基本解, 68
原始関数, 13

148

さ行

初期条件, 24
初期値, 24
斉次形, 54
積分因子, 112

た行

置換積分, 15
同次形微分方程式, 27
特殊解, 67
特性方程式, 51
特解, 67

な行

2階線形微分方程式, 45
ニュートンの運動方程式, 12
ニュートンの冷却法則, 81

は行

非斉次形, 63
微分演算子, 34, 50
微分係数, 3

微分作用素, 34, 50
微分作用素の因数分解, 50
微分作用素の変形, 34
微分方程式, 12
微分方程式を解く, 12
不完全微分形方程式, 112
不完全微分方程式, 112
不定積分, 13
部分積分, 14
部分分数展開, 17
ベルヌーイ型微分方程式, 33
変化速度, 4
変数分離型微分方程式, 20

ま行

マルサスの人口予測モデル, 11
未定係数法, 71

や行

陽関数表現, 91

ら行

ロジスティックモデル, 26

著者紹介

北　直泰（きた　なおやす）

1969 年	石川県に生まれる
1993 年	早稲田大学理工学部物理学科 卒業
1995 年	東京大学大学院総合文化研究科 修士課程修了
1999 年	名古屋大学大学院多元数理科学研究科 博士課程修了
2000 年	日本学術振興会 特別研究員
2001 年	九州大学大学院数理学研究院 助手
2004 年	宮崎大学教育文化学部 助教授
2015 年	熊本大学工学部数理工学科 教授
2018 年	熊本大学工学部機械数理工学科 教授
	現在に至る

きそ　おうよう
基礎と応用

びぶんほうていしきにゅうもん
微分方程式入門

| 2019 年 2 月 20 日 | 第 1 版　第 1 刷　発行 |
| 2024 年 3 月 20 日 | 第 1 版　第 3 刷　発行 |

著　者　　北　　直泰

発行者　　発田和子

発行所　　株式会社　学術図書出版社

〒113-0033　東京都文京区本郷 5 丁目 4 の 6

TEL 03-3811-0889　振替　00110-4-28454

印刷　三和印刷 (株)

定価はカバーに表示してあります.

本書の一部または全部を無断で複写 (コピー)・複製・転載することは，著作権法でみとめられた場合を除き，著作者および出版社の権利の侵害となります．あらかじめ，小社に許諾を求めて下さい．

© 2019　N. KITA　Printed in Japan

ISBN978-4-7806-0662-1　C3041